はじめて学ぶ
コンピュータ概論
―ハードウェア・ソフトウェアの基本―

工学博士　寺嶋　廣克
博士(工学)　朴　　鍾杰　共著
　　　　　　安岡　広志
博士(工学)　平野　正則

コロナ社

まえがき

　1940年代に世界で初めてコンピュータが登場して以来，情報処理技術や半導体技術の急速な発達で，コンピュータの高性能化，小型化，低価格化が著しく進んできた。現在では，個人で使えるパーソナルコンピュータから大規模な科学技術計算を行うスーパーコンピュータまで，多くの分野でコンピュータが使われている。

　直接目にすることはなくても，私たちが普段の生活で使っている家電製品，自動車，スマートホンなど，多くの工業製品にコンピュータが内蔵されており，コンピュータの存在なしには生活することが困難になってきている。

　本書はコンピュータの存在が当たり前となっている現在のIT社会で，コンピュータの基礎知識を学びたい理系および文系の大学生の教科書として，また一般のコンピュータ初学者向けの技術書として，常識として知っておいて貰いたいコンピュータ全般に関わる技術や利用方法の基礎をわかりやすく説明している。

　本書は，全13章で構成されており
- 基礎理論（1～3章）
- ハードウェア，システム構成（4～6章）
- ソフトウェア（7～9章）
- 利用技術（10～13章）

の四つのテーマで，特にハードウェアとソフトウェアに重点を置いてコンピュータの基礎知識を説明している。

　1章と2章ではコンピュータ内部で扱う数値の表現方法，3章では数値を処理するためにコンピュータが行う演算と，演算を行う回路について説明している。

4章では利用形態によるコンピュータの分類，5章ではコンピュータを構成するCPU，メモリ等の装置や，コンピュータに接続される補助記憶装置や入出力装置，6章ではコンピュータシステムの構成について説明している。

7章ではコンピュータソフトウェアの種類と体系，8章ではコンピュータを動かす基本となるOS（オペレーティングシステム），9章ではコンピュータで特定の目的・業務を処理するために作られた応用ソフトウェアについて説明している。

10章ではコンピュータと人間との間の情報のやりとり，11章ではコンピュータでの文字，画像，音声の取扱い，12章では応用プログラムでのデータの取扱い技術としてのデータベース，13章ではコンピュータプログラムを作成するためのプログラミング言語やプログラム中のデータの扱い方について説明している。

本書を執筆するにあたっては

- コンピュータのハードウェア，ソフトウェアを中心に，常識として知っておいてもらいたい基本的な内容に絞り込んで説明する
- 数学や電気回路などの特別な専門知識がなくても理解できるように，平易な説明をする

ことに留意している。

最後に出版に際し，企画から執筆まで多々お世話いただいたコロナ社の皆様に感謝いたします。

2015年12月

執筆者一同

本書における，Microsoft, OpenOffice.org, Apple, Google, Mozilla, Adobe, Corel, ジャストシステムほか，記載されている会社名，商品名，製品名は，一般に各社の登録商標，商標，または商品名です。本文中では，TM，©，®マークは省略しています。

目　　　　次

1章　コンピュータの基礎

1.1　コンピュータの発展 ………………………………………………………… *1*
1.2　コンピュータで使われる数 ………………………………………………… *2*
　　1.2.1　10進数と2進数 ……………………………………………………… *2*
　　1.2.2　ビ ッ ト ……………………………………………………………… *3*
　　1.2.3　バ イ ト ……………………………………………………………… *5*
1.3　コンピュータにかかわる単位 ……………………………………………… *6*
　　1.3.1　接　頭　語 …………………………………………………………… *6*
　　1.3.2　コンピュータで扱う大きな値 ……………………………………… *7*
　　1.3.3　コンピュータで扱う小さな値 ……………………………………… *7*

2章　数　の　表　現

2.1　基　　　　　数 ……………………………………………………………… *8*
2.2　2進数，8進数，16進数の表記 ……………………………………………… *9*
2.3　基　数　変　換 ……………………………………………………………… *10*
　　2.3.1　2進数から10進数への基数変換 ……………………………………… *10*
　　2.3.2　10進数から2進数への基数変換 ……………………………………… *10*
　　2.3.3　2進数から8進数，16進数への基数変換 …………………………… *12*
2.4　2 進 数 の 演 算 …………………………………………………………… *13*
　　2.4.1　足し算と引き算 ……………………………………………………… *13*
　　2.4.2　シフト演算と掛け算 ………………………………………………… *14*
2.5　負数の表現方法 ……………………………………………………………… *15*
　　2.5.1　2進数の負数の表し方 ……………………………………………… *15*
　　2.5.2　引き算を足し算で実現する方法 …………………………………… *18*
　　2.5.3　2進数で表現できる数の範囲 ……………………………………… *19*
2.6　実数の表し方 ………………………………………………………………… *19*
　　2.6.1　固定小数点 …………………………………………………………… *19*

2.6.2 浮動小数点·················20
2.7 誤　　　　差·················22

3章　論理演算と論理回路

3.1 論　理　演　算·················24
　3.1.1 論理演算の種類·················24
　3.1.2 論理演算の基本定理·················27
　3.1.3 複数ビットの論理演算·················27
　3.1.4 加法標準形·················28
3.2 論　理　回　路·················29
　3.2.1 論理回路とその表記·················29
　3.2.2 組合せ回路·················30
　3.2.3 順　序　回　路·················32

4章　コンピュータの種類

4.1 コンピュータの種類と特徴·················33
4.2 個人使用のコンピュータ·················34
4.3 企業などでサービスを提供するコンピュータ·················35
4.4 装置に組み込まれて働くコンピュータ·················37

5章　コンピュータの構成要素

5.1 コンピュータの構成·················39
　5.1.1 コンピュータを構成する装置·················39
　5.1.2 命令実行の流れ·················40
5.2 CPU·················40
　5.2.1 CPUの構成·················40
　5.2.2 ク　ロ　ッ　ク·················41
　5.2.3 CPUの高速化方式·················42
　5.2.4 CPUの性能·················44
5.3 記　憶　装　置·················45
　5.3.1 記憶装置の構成·················45
　5.3.2 主記憶装置·················46
　5.3.3 補助記憶装置·················48
　5.3.4 記　憶　階　層·················52

5.4 入出力装置··53
　5.4.1 入力装置··53
　5.4.2 出力装置··54
5.5 入出力インタフェース··55
　5.5.1 入出力インタフェースの種類と特徴·······································55
　5.5.2 入出力インタフェースの機能··57

6章　システム構成

6.1 処理形態··58
　6.1.1 集中処理··58
　6.1.2 分散処理··59
　6.1.3 クライアントサーバシステム···60
6.2 利用形態（リアルタイム処理，バッチ処理，対話型処理）···············61
6.3 情報処理システムの構成···63
　6.3.1 システムの冗長構成··63
　6.3.2 クラウドコンピューティング···64
6.4 情報処理システムの信頼性··65
　6.4.1 信頼性の指標··65
　6.4.2 情報処理システムの稼働率··66
　6.4.3 信頼性設計···67
6.5 データの信頼性··68
　6.5.1 RAID··68
　6.5.2 バックアップ···69
6.6 システム性能···71
6.7 情報処理システムの経済性··72

7章　ソフトウェア

7.1 ソフトウェア···73
7.2 ソフトウェアの種類··73
　7.2.1 システムソフトウェア···74
　7.2.2 応用ソフトウェア···76
7.3 オープンソース··76

8章　オペレーティングシステム

- 8.1　オペレーティングシステムとは？ ……………………………… *78*
- 8.2　API ……………………………………………………………… *79*
- 8.3　ジョブ管理 ……………………………………………………… *79*
- 8.4　タスク管理 ……………………………………………………… *80*
  - 8.4.1　マルチタスク ……………………………………………… *81*
  - 8.4.2　マルチスレッド …………………………………………… *81*
- 8.5　主記憶管理 ……………………………………………………… *82*
  - 8.5.1　主記憶管理機能 …………………………………………… *82*
  - 8.5.2　仮想記憶 …………………………………………………… *82*
- 8.6　入出力管理 ……………………………………………………… *84*
  - 8.6.1　デバイスドライバ ………………………………………… *84*
  - 8.6.2　入出力割込み ……………………………………………… *84*
- 8.7　ファイル管理 …………………………………………………… *85*
  - 8.7.1　ファイルシステム ………………………………………… *85*
  - 8.7.2　ディレクトリ ……………………………………………… *86*

9章　応用ソフトウェア

- 9.1　応用ソフトウェアの種類 ……………………………………… *88*
  - 9.1.1　共通応用ソフトウェアと個別応用ソフトウェア ……… *88*
  - 9.1.2　パッケージソフトウェアとカスタムソフトウェア …… *89*
- 9.2　代表的な応用ソフトウェア …………………………………… *89*
  - 9.2.1　文書作成ソフト …………………………………………… *89*
  - 9.2.2　表計算ソフト ……………………………………………… *91*
  - 9.2.3　プレゼンテーションソフト ……………………………… *91*
  - 9.2.4　Web ブラウザ ……………………………………………… *92*
  - 9.2.5　グラフィックソフト ……………………………………… *93*
  - 9.2.6　ユーティリティソフト …………………………………… *94*
  - 9.2.7　プラグインソフト ………………………………………… *94*

10章　ユーザインタフェース

- 10.1　ユーザインタフェースの進展 ………………………………… *95*
- 10.2　GUI 部品 ………………………………………………………… *97*

- 10.3 画面設計 ··· *99*
- 10.4 帳票設計 ··· *99*
- 10.5 Webデザイン ·· *100*
- 10.6 ユニバーサルデザイン ·· *102*

11章 マルチメディア

- 11.1 マルチメディア ·· *103*
  - 11.1.1 マルチメディア ·· *103*
  - 11.1.2 アナログデータとディジタルデータ ················· *103*
  - 11.1.3 コンピュータで扱うディジタルデータ ·············· *104*
- 11.2 文　　　字 ·· *104*
  - 11.2.1 文字コード ·· *104*
  - 11.2.2 おもな文字コード ··· *105*
- 11.3 画　　　像 ·· *107*
  - 11.3.1 画像のディジタル化 ······································ *107*
  - 11.3.2 光の三原色と色の三原色 ································ *110*
- 11.4 音　　　声 ·· *112*
  - 11.4.1 音声のディジタル化 ······································ *112*
  - 11.4.2 CD-DA ·· *114*
- 11.5 マルチメディアデータ ··· *115*
- 11.6 マルチメディアの応用 ··· *117*

12章 データベース

- 12.1 データベースとファイルの違い ···························· *119*
  - 12.1.1 ファイルによるデータの取扱い ······················· *119*
  - 12.1.2 データベースによるデータの取扱い ················· *120*
- 12.2 データベースの種類 ·· *121*
- 12.3 関係データベース ··· *122*
- 12.4 データベースの設計 ·· *124*
- 12.5 正　規　化 ·· *126*
- 12.6 データベースの操作 ·· *128*
  - 12.6.1 SQL ··· *128*
  - 12.6.2 関係演算と集合演算 ······································ *128*

12.6.3　高度なデータ抽出方法 ･････････････････････････････････････ *130*
12.7　トランザクション処理 ･･･ *131*
　12.7.1　トランザクション ･･･ *131*
　12.7.2　排他制御 ･･･ *132*
　12.7.3　障害処理 ･･･ *135*
　12.7.4　トランザクション管理 ･････････････････････････････････････ *137*

13章　プログラム言語

13.1　プログラムとは？ ･･･ *139*
　13.1.1　プログラムの実行 ･･･ *139*
　13.1.2　プログラミング言語 ･･･････････････････････････････････････ *140*
13.2　プログラミング言語の種類 ･････････････････････････････････････ *140*
　13.2.1　プログラミング言語の分類 ･････････････････････････････････ *140*
　13.2.2　高級言語 ･･･ *141*
　13.2.3　機械語とアセンブリ言語 ･･･････････････････････････････････ *143*
　13.2.4　コンパイル言語とインタプリタ言語 ･････････････････････････ *143*
　13.2.5　手続き型言語とオブジェクト指向言語 ･･･････････････････････ *144*
13.3　アルゴリズム ･･･ *144*
　13.3.1　アルゴリズムとプログラム ･････････････････････････････････ *144*
　13.3.2　アルゴリズムの表現方法 ･･･････････････････････････････････ *145*
13.4　データ構造 ･･･ *147*
　13.4.1　配列 ･･･ *147*
　13.4.2　レコード ･･･ *148*
　13.4.3　リスト ･･･ *148*
　13.4.4　スタック ･･･ *149*
　13.4.5　キュー ･･･ *150*
　13.4.6　木構造 ･･･ *150*

索引 ･･･ *153*

コンピュータの基礎

1.1 コンピュータの発展

コンピュータとは，与えられた手順に従って大量の計算を行う機械である。世界最初のコンピュータは，1942年にアメリカのアイオワ州立大学で開発された電子計算機 **ABC**（Atanasoff-Berry Computer）である。おもな目的は連立方程式を解くためであった。その後，1946年にペンシルバニア大学で約18 000本の真空管を使った重量約30 tのコンピュータ **ENIAC**（エニアック）(Electronic Numerical Integrator and Computer) が開発された。ENIAC を図1.1に示す。米軍の弾道計算のために開発されたもので1秒間に5 000回計算できる能力を持っていた。

コンピュータの開発以降，半導体技術の飛躍的な発展に伴い，コンピュータの処理速度は大きく向上した。Intel 社のマイクロプロセッサ（5.2節参照の

図1.1　ENIAC

CPUのこと）の開発年とトランジスタ数との関係を**図1.2**に示す．図からわかるように，1971年の4004というマイクロプロセッサから始まり2014年のXeon E5-2699 v3まで，トランジスタ数が24か月にほぼ2倍の速さで増加している．Intel社の共同創業者であるゴードン・ムーア（G. E. Moore）博士が1965年に発表した予測「マイクロプロセッサのトランジスタ数は今後18〜24か月ごとに2倍になる（**ムーアの法則**）」に，ほぼのっとって増加している．トランジスタの増加に伴って，マイクロプロセッサの性能は数十年にわたって向上してきた．

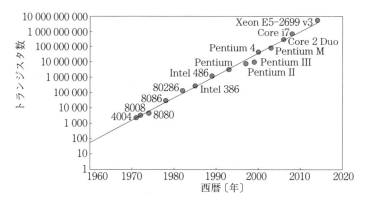

図1.2 マイクロプロセッサのトランジスタ数

ENIACの開発から66年後の2012年に，日本で，スーパーコンピュータ「京(けい)」が開発された．気象予測，分子動力学，シミュレーション，天文学等の大規模数値解析のために使われている．「京」は88 128個のCPUを用いて1秒間に浮動小数点演算（2.6.2項参照）を1京（10^{16}）回実行できる．これはENIACの2×10^{12}倍になっている．

1.2 コンピュータで使われる数

1.2.1 10進数と2進数

われわれは，日常生活で，インド起源のアラビア数字を用いた10進数を使

う。**10 進数**とは 0～9 の十通りの数字を用いて数値を表し，10 倍すると位が上がる表現方法である。一方，コンピュータでは 2 進数が使われている。**2 進数**とは，0 と 1 の二通りの数字で数値を表し，2 倍すると位が上がる表現方法である。

コンピュータでは電子回路が使われ，電圧の高低で情報を表す。5 V の電圧が使えるとして，10 進数と 2 進数とで情報表現がどのように違うかを考える。0～5 V の電圧の違いを 10 等分して 10 進数を表現しようとすると，0.5 V 刻みに電圧をコントロールする必要がある。ノイズなどの影響を考えると，電子回路で 10 進数を実現するのは非常に難しい。

一方で，電圧をかけているか（ON），電圧をかけていないか（OFF）の二通りを，電子回路でコントロールするのは比較的容易である。また，少々ノイズがあったとしても，ON と OFF の判断を間違うことはない。ON と OFF は 2 進数で表現でき，電子回路で作られるコンピュータでは 2 進数を使うほうが向いていることがわかる。

スイッチの ON と OFF で 2 進数を表した例を**図 1.3** に示す。スイッチが OFF で豆電球が消灯している状態を 2 進数の 0，スイッチが ON で豆電球が点灯している状態を 2 進数の 1 に対応させている。

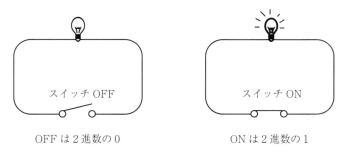

図 1.3　2 進数の表現例

1.2.2　ビット

豆電球の ON と OFF を利用して，5 本の棒を数える例を**図 1.4** に示す。棒が 0 本の場合は 1 個の豆電球を使って，それを OFF にする。棒が 1 本の場合

4　　1.　コンピュータの基礎

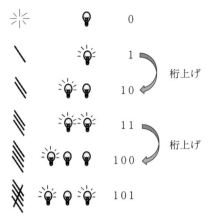

図 1.4　豆電球を使った数の表し方

は，豆電球を ON にする。棒が 2 本になると 1 個の豆電球では表せないため，豆電球を 1 個追加して 2 個とし，上位の豆電球を ON，下位の豆電球を OFF にする。棒が 3 本ある場合は 2 個の豆電球を両方とも ON にする。棒の数が増えると豆電球の数も増え，4 本の棒を数えるためには 3 個の豆電球が必要になる。

　ここで，豆電球 1 個で表すことができる情報量を**ビット**（bit：b）という。ビットは「binary digit」の略で「1 桁の 2 進数字（0 または 1）」の意味を持つ。ここから転じて，2 進数 1 桁に相当するデータ量を表し，コンピュータで扱う情報量の最小単位として使われる。図 1.4 のように 4 本や 5 本の棒を表すためには豆電球が 3 個，コンピュータ内部では 3 ビットが必要になる。

　3 ビットで表現できる数の範囲を**表 1.1** に示す。すべて OFF（000）からすべて ON（111）まで 8 種類の組合せがあるため，3 ビットでは 0 〜 7 の数値を表現できる。つまり，3 ビットで 10 進数の 8 を表現することはできない。8 を表現するためには 4 ビット必要になる。

　一般に，n ビットで表現できる数は 2^n 個となる。8 ビットで表現できる数は 256 個（0 〜 255），10 ビットで表現できる数は 1 024 個（0 〜 1 023），16 ビットであれば 65 536 個（0 〜 65 535）になる。

表 1.1 3ビットで表現できる数の範囲

10進数	3ビット2進数	豆電球3個
0	0 0 0	○ ○ ○
1	0 0 1	○ ○ ●
2	0 1 0	○ ● ○
3	0 1 1	○ ● ●
4	1 0 0	● ○ ○
5	1 0 1	● ○ ●
6	1 1 0	● ● ○
7	1 1 1	● ● ●
8	表現できない	表現できない

1.2.3 バ イ ト

コンピュータで使われている情報量を表す単位として，ビットのほかに**バイト**（Byte：B）がある。8ビットをひとまとまりの情報として1バイトといい，256個の情報を表すことができる。ビットを表す場合は小文字のbを使い，バイトを表す場合は大文字のBを使う。

欧米の文字をコンピュータ上で表すためには，アルファベットの大文字A～Zの26個，小文字のa～zの26個，数字の0～9の10個，および &，<，> 等の記号約20個をあわせると6ビット（64個まで表記可能）では足りなくなり，7ビット（128個まで表記可能）が必要になる。このため，英数字や記号を表すASCIIコード（11.2.2項〔1〕参照）は7ビットで規定されている。これをコンピュータで扱う場合は，7ビットに通信用のパリティビット[†]を加えた8ビット，すなわち1バイトとして扱う。

[†] パリティビット（parity bit）とは，データの通信などで起こり得る誤りを検出するために用いるビットをいう。与えられた7ビットの情報に対してパリティビットを含んだ全体の1の数が奇数（または偶数）になるように，パリティビットを0か1に決める。パリティビットは最も単純な誤り検出符号である。

1.3 コンピュータにかかわる単位

1.3.1 接 頭 語

大きな数や小さな数を扱いやすくするために，単位の前に**接頭語**をつけて表すことが多い。コンピュータで扱うメモリ（5.3節参照）の容量やマイクロプロセッサのクロック周波数（5.2.2項参照）などを表す場合も接頭語を用いる。

長さや時間などの単位を定めた国際単位系で使われる接頭語（SI接頭語）を**表1.2**に示す。大きな数を表す接頭語として，k（10^3），M（10^6），G（10^9），T（10^{12}）等，小さな数を表す接頭語としてm（10^{-3}），μ（10^{-6}），n（10^{-9}），p（10^{-12}）等がある。

表1.2　SI接頭語

記号	読み	数	10進数表記
E	エクサ(exa)	10^{18}	1 000 000 000 000 000 000
P	ペタ(peta)	10^{15}	1 000 000 000 000 000
T	テラ(tera)	10^{12}	1 000 000 000 000
G	ギガ(giga)	10^{9}	1 000 000 000
M	メガ(mega)	10^{6}	1 000 000
k	キロ(kilo)	10^{3}	1 000
—	—	10^{0}	1
m	ミリ(milli)	10^{-3}	0.001
μ	マイクロ(micro)	10^{-6}	0.000 001
n	ナノ(nano)	10^{-9}	0.000 000 001
p	ピコ(pico)	10^{-12}	0.000 000 000 001

コンピュータで使われる単位を表す場合も，表1.2の接頭語を用いる。しかし，コンピュータでは2進数を用いている関係で，メモリの容量を表す場合は，2^{10}（1 024）をk，2^{20}をM，2^{30}をG，2^{40}をTとして表記する。

1.3 コンピュータにかかわる単位   7

1.3.2 コンピュータで扱う大きな値

パソコンのパンフレットを見ると,「G」や「T」の接頭語がよく使われている。例えば,マイクロプロセッサ Core i7 では,クロック周波数 2.2 GHz,メモリ容量 4 GB,ハードディスク容量 1 TB などと書かれている。

また,「ビッグデータ」という言葉があるが,これは「従来のデータ処理アプリケーションで処理することが困難なほどの巨大で複雑なデータの集合」を表す用語である。2014 年に総務省が発表した情報通信白書によると,2013 年の 9 産業(サービス業や情報通信業など)のビッグデータ流通量は約 13.5 EB と書かれている。そのなかで防犯・遠隔監視カメラデータが約 7.8 EB と最も大きい割合を占めている。このように,ビッグデータを表す接頭語には「E」がよく出てくる。

大量のデータを扱う企業としては,9 億人以上のアクティブユーザ数(2015 年時点)を持ち,一日に 500 TB 以上のデータを処理する Facebook や,約 6 PB 以上のデータを格納し,解析するインターネットオークションサイトのイーベイ(eBay)などがある。ここでは接頭語の「T」や「P」が使われている。

1.3.3 コンピュータで扱う小さな値

パソコンのパンフレットなどで,小さな数を表す接頭語をみかけることは少ないが,いろいろなところで使う機会がある。

パソコンで使うマイクロプロセッサ Core i7 のクロック周波数が 3.2 GHz とすると,1 クロックの周期は 0.313×10^{-9} 秒となる。これを小さな数を表す接頭語を使って表すと 0.313 ナノ秒となる。同じ数値を別の接頭語を用いて 313 ピコ秒と表すこともできる。

ハードディスクの仕様をみると,ディスクの 1 分間の回転数をみかけることがある。1 分間の回転数が 6 000 回転とすると,1 回転に要する時間は 0.01 秒となる。これを小さな接頭語を用いて 10 ミリ秒と表すことがある。

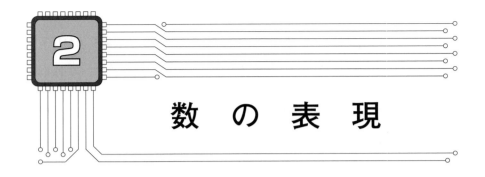

数 の 表 現

2.1 基 数

　10進数では，数を10倍すると位が一つ上がる。例えば，5の10倍は50，100倍は500となり，位が上がる。数値を表すときの位取りの基準となる数を**基数**（radix）と呼び，10進数では「10」が基数となる。小数点を起点に左側の桁の重みは 10^0, 10^1, 10^2, …になり，右側の桁の重みは 10^{-1}, 10^{-2}, 10^{-3}, …になる。このように，基数を用いて各桁の重みを表すことができる。10進数 239.58 は，各桁の重みを用いてつぎのように表現できる。

$$239.58 = 2 \times 10^2 + 3 \times 10^1 + 9 \times 10^0 + 5 \times 10^{-1} + 8 \times 10^{-2}$$

　2進数，8進数，16進数の基数はそれぞれ 2，8，16 である。8進数 257.34 の各桁の重みは，**図 2.1** に示すように，上位の桁から順に，8^2, 8^1, 8^0, 8^{-1}, 8^{-2} になる。

2	5	7	.	3	4	：8進数
8^2	8^1	8^0		8^{-1}	8^{-2}	：各桁の重み

図 2.1 8進数と各桁の重み

2.2 2進数，8進数，16進数の表記

10進数は0〜9の10種類の数字，2進数は0と1の2種類の数字，**8進数**は0〜7の8種類の数字を使って数を表記する。**16進数**は0〜15の16種類の数字を使う必要があるが，10〜15は2桁の数字であり，このまま使うことはできない。そのため，10の代わりにA，11はB，12はC，13はD，14はE，15はFで表す。

表2.1は10進数，2進数，8進数，16進数の対応表である。2進数の3桁を8進数では1桁，2進数の4桁を16進数では1桁で表すことができる。2進数で数を表す場合，桁数が多くなると人間にとってわかりにくい。同じ大きさの数を表すのに，8進数や16進数を用いると少ない桁数で表すことができるので，人間にとってわかりやすくなる。

表2.1 10進数，2進数，8進数，16進数の対応表

10進数	2進数	8進数	16進数
0	0000	0	0
1	0001	1	1
2	0010	2	2
3	0011	3	3
4	0100	4	4
5	0101	5	5
6	0110	6	6
7	0111	7	7
8	1000	10	8
9	1001	11	9
10	1010	12	A
11	1011	13	B
12	1100	14	C
13	1101	15	D
14	1110	16	E
15	1111	17	F

2.3 基数変換

2.3.1 2進数から10進数への基数変換

基数が r である n 桁の整数 $a_n a_{n-1} \cdots a_3 a_2 a_1$ を10進数に変換(**基数変換**)する場合は,つぎのように計算する。

$$a_n \times r^{n-1} + a_{n-1} \times r^{n-2} + \cdots + a_3 \times r^2 + a_2 \times r^1 + a_1 \times r^0$$

また,n 桁の小数 $0.b_1 b_2 b_3 \cdots b_{n-1} b_n$ を10進数に変換する場合は,つぎのように計算する。

$$b_1 \times r^{-1} + b_2 \times r^{-2} + b_3 \times r^{-3} + \cdots + b_{n-1} \times r^{-(n-1)} + b_n \times r^{-n}$$

上記の方法により,例として2進数110.011を10進数に変換すると,**図 2.2** に示すように6.375になる。

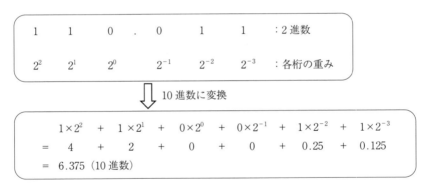

図 2.2 2進数を10進数に変換

2.3.2 10進数から2進数への基数変換

10進数から2進数へ基数変換する場合,10進数の整数と小数で変換方法が異なる。このため,整数と小数に分けて変換方法を説明する。ここでは,10進数6.375の2進数への変換を例にみていく。

まず,10進数の整数6を2進数に変換する方法を**図 2.3** に示す。変換には割り算を利用する。割り算を行うとき,商を被除数の上に書くのが普通だが,

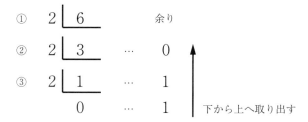

図 2.3 10 進数整数の 2 進数への変換方法

図 2.3 では，割り算を繰り返し行うため，商を被除数の下に書いている。まず，① 6 を 2 で割る。商は 3，余りは 0 となる。② 前の結果の商の 3 を 2 で割る。商は 1，余りは 1 になる。③ 前の結果の商の 1 を 2 で割る。商は 0，余りは 1 になる。商の値が 0 になると割り算を終了する。10 進数の整数 6 を 2 進数に変換した値は，割り算の余りを図 2.3 の下から上に取り出して 110 になる。

つづいて，10 進数の小数 0.375 を 2 進数に変換する方法を**図 2.4** に示す。変換には掛け算を利用する。まず，① 0.375 に 2 を掛けると 0.75 になる。整数 0 を下に記録し，小数 0.75 をつぎに送る。② 0.75 に 2 を掛けると 1.5 になる。整数 1 を下に記録し，小数 0.5 をつぎに送る。③ 0.5 に 2 を掛けると 1.0 になる。整数 1 を下に記録し，小数が 0 のため計算を終える。10 進数の小数 0.375 を 2 進数に変換した値は，記録した順番に取り出して，0.011 になる。

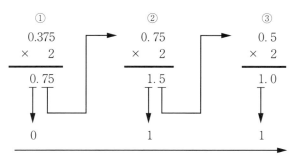

図 2.4 10 進数小数の 2 進数への変換方法

12   2. 数 の 表 現

　10進数の6.375を2進数に変換した値は，整数と小数を別々に変換した値を組み合わせて，110.011になる。

　なお，10進数の小数を2進数に変換する場合，さきほどの掛け算の計算が終わらない場合がある。例えば，10進数の0.1を図2.4の方法で2進数に変換すると，いつまでも終わらず，0.000110011001…のように無限に続く。これを**無限小数**という。10進数の0.2や0.4なども無限小数になる。10進数の小数点以下1桁の小数は，0.5を除けばすべて無限小数になる。無限小数が発生した場合，コンピュータでは切上げや切下げを行い，近似値で数値を表す（2.7節参照）。

2.3.3　2進数から8進数，16進数への基数変換

　2進数の3桁は8進数の1桁，2進数の4桁は16進数の1桁に対応している。このため，表2.1の対応表を用いて，2進数から8進数や16進数への基数変換は簡単にできる。**図2.5**は2進数の11011.01を8進数や16進数に変換する例を示している。

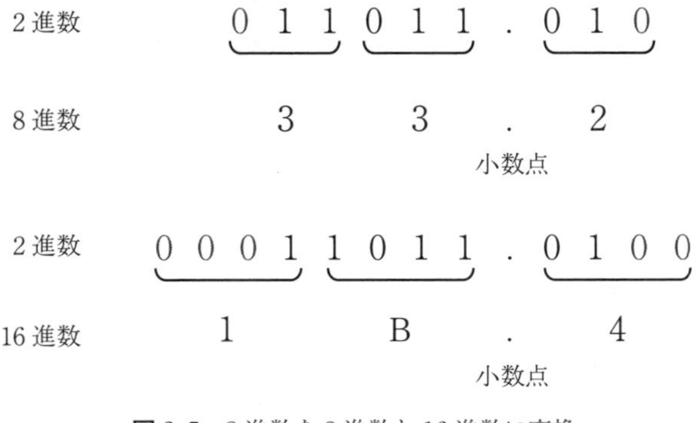

```
2進数       0 1 1  0 1 1 . 0 1 0

8進数          3      3  .  2
                         小数点

2進数       0 0 0 1  1 0 1 1 . 0 1 0 0

16進数         1       B    .   4
                         小数点
```

図2.5　2進数を8進数と16進数に変換

　2進数を8進数に変換する場合，小数点を基点に3桁ずつ区切る。2進数11011.01の場合は，11 011.01のように区切る。3桁にならない最初の11の前に0を一つ，最後の01の後ろに0を一つ補って，011 011.010とする。表

2.1 を用いて 3 桁ごとに変換すると，2 進数 11011.01 は，8 進数では 33.2 になる。

2 進数を 16 進数に変換する場合，小数点を基点に 4 桁ずつ区切る。2 進数 11011.01 の場合は 1 1011 . 01 のように区切る。4 桁にならない最初の 1 の前に 0 を三つ，最後の 01 の後ろに 0 を二つ補い，0001 1011 . 0100 とする。表 2.1 を用いて 4 桁ごとに変換すると，2 進数 11011.01 は，16 進数では 1B.4 になる。

2.4 2 進数の演算

2.4.1 足し算と引き算

2 進数の足し算の例を図 2.6（a）に示す。10 進数の足し算と同じように最下位桁から行う。1 桁の足し算の値が 2 を超えると上位の桁に桁上げが起こる。上位の桁では桁上げを含めて足し算を行う。図（a）では，10 進数の 13 + 7 = 20 を 2 進数で行った結果を示している。

つづいて，2 進数の引き算の例を図（b）に示す。足し算と同じように最下位桁から行う。引くことができない場合は，上位の桁から桁借りを行う。桁借りにより 2 を借りることができる。桁を貸した上位の桁は 1 が 0 になる。図（b）では，10 進数の 13 − 7 = 6 を 2 進数で行っている。

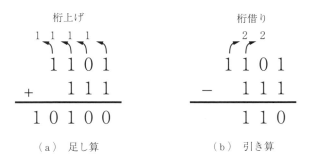

(a) 足し算　　　　(b) 引き算

図 2.6　2 進数の足し算と引き算

2.4.2 シフト演算と掛け算

シフト演算とは，ビット列を左または右にずらす操作のことである。シフト演算で，左に S ビットシフトすると元の数の 2^S 倍，右に S ビットシフトすると元の数の 2^{-S} 倍になる。

図 2.7 は 8 ビットの 2 進数の 00110100（10 進数：52）を左に 2 ビットシフトした例を示している。元の数の上位 2 ビットはあふれて捨てられ，シフトによって空いた下位の 2 ビットには 0 が挿入される。左に 2 ビットシフトした結果は 11010000（10 進数：208）となり，元の数の $2^2 = 4$ 倍になる。

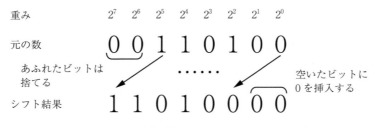

図 2.7 シフト演算（左に 2 ビットシフトした場合）

図 2.8 は 8 ビットの 2 進数の 00110100（10 進数：52）を右に 2 ビットシフトした例を示している。元の数の下位 2 ビットはあふれて捨てられ，シフトによって空いた上位の 2 ビットには 0 が挿入される。右に 2 ビットシフトした結果は 00001101（10 進数：13）となり，元の数の $2^{-2} = 1/4$ 倍になる。

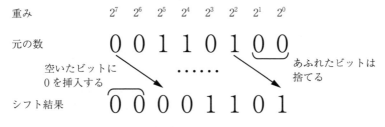

図 2.8 シフト演算（右に 2 ビットシフトした場合）

つぎに，2 進数の掛け算の方法を $1101 \times 101 = 1000001$（10 進数：$13 \times 5 = 65$）を例として**図 2.9** に示す。図（a）にはわれわれが通常行う掛け算，図（b）

2.5 負数の表現方法

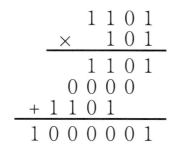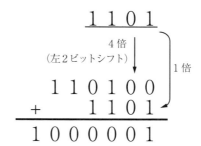

(a) 通常の掛け算　　(b) シフト演算と足し算の組合せ

図 2.9　2 進数の掛け算

にはシフト演算と足し算を組み合わせた掛け算を示している。

シフト演算と足し算の組合せの方法では，被乗数に 5 を掛けることを，被乗数を 4 倍した数と 1 倍した数を足す（$13 \times 4 + 13 \times 1 = 65$）と考える。被乗数を 4（$2^2$）倍するには左に 2 ビットシフトすればよい。1 倍はそのままでよい。このように，シフト演算と足し算を組み合わせることにより，掛け算を簡単に実現することができる。

2.5 負数の表現方法

2.5.1　2 進数の負数の表し方

2 進数の負数の表し方には，つぎの三通りがある。

- 符号と絶対値による方法
- 1 の補数による方法
- 2 の補数による方法

〔1〕**符号と絶対値による方法**　10 進数で 3 の負数は -3 である。数字の前にマイナス「-」の符号をつけることで負数の表記ができる。2 進数では数値の先頭に，マイナスの代わりに符号ビットをつけ，それ以降のビットには正数と同じ絶対値を割り当てる。先頭ビットが 0 であればプラス，1 であればマイナスとする。

例えば4ビットで数値を表す場合，+5は先頭ビットを0（プラス）にし，残り3ビットで5を表す。その結果+5は0101になる。−5は先頭ビットを1（マイナス）にして，1101と表す。

〔2〕 **1の補数による方法**　　1の補数は0と1を反転して求めることができる。例えば，0101の1の補数は1010になる。この1010で−5を表す。

〔3〕 **2の補数による方法**　　2の補数は1の補数に1を足して求めることができる。例えば，0101の2の補数は1011になる。この1011で−5を表す。

〔4〕 **ま と め**　　三通りの負数の表現方法の違いを**図2.10**に示す。同じ−5の数を表しているが，それぞれ違ったビットパターンになる。**表2.2**に2進数の4ビットで表せるすべての正数と負数を示す。

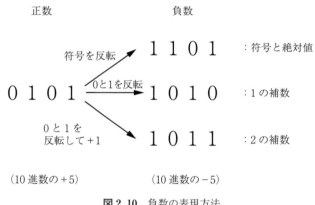

図2.10　負数の表現方法

表からわかるように，いずれの表現でも，先頭の1ビットをみれば正数か負数か判断できる。先頭が0であれば正数，1であれば負数である。「符号と絶対値」および「1の補数」の場合，0（−0を含む）に二つのパターンが割り当てられることになるが，「2の補数」の場合は1パターンで済む。その分，負数の表現範囲は一つ広がり，「2の補数」では−8まで表せる。

4ビットの2進数で，相互に2の補数関係にある数を**図2.11**に示す。相互に2の補数関係にある二つの数を足すと，必ず最上桁が2になり，桁上りが生じて，10000になる。最上桁が2になることから2の補数といわれる。一方，

表 2.2 4 ビット 2 進数の負数表現の比較

10 進数	符号と絶対値	1 の補数	2 の補数
7	0111	0111	0111
6	0110	0110	0110
5	0101	0101	0101
4	0100	0100	0100
3	0011	0011	0011
2	0010	0010	0010
1	0001	0001	0001
0	0000	0000	0000
−0	1000	1111	—
−1	1001	1110	1111
−2	1010	1101	1110
−3	1011	1100	1101
−4	1100	1011	1100
−5	1101	1010	1011
−6	1110	1001	1010
−7	1111	1000	1001
−8	—	—	1000

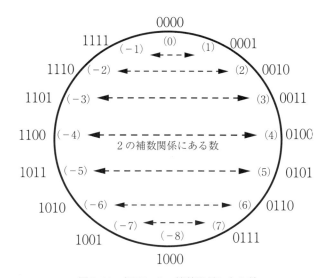

図 2.11 相互に 2 の補数関係にある数

18　　2. 数　の　表　現

1の補数関係にある二つの数を足すと1111になる。これは，2の補数の10000より一つ少ないことから1の補数といわれる。

　コンピュータでは，2の補数を使って負数を表す。おもな理由は，次項で説明するように，2の補数を使うことにより，引き算を足し算で実現できるためである。これにより，引き算を行う回路が不要になり，コンピュータの演算回路が簡単になる。1の補数でも，引き算を足し算で実現することができるが，1の補数は0を表すパターンが二通りあり，演算処理が複雑になるため，2の補数が使われている。

2.5.2　引き算を足し算で実現する方法

　2進数の引き算を足し算で実現する方法を**図 2.12**に示す。ここでは4ビットで数を表し，0101 − 0011 = 0010（10進数：5 − 3 = 2）を行った場合の例を示している。図（a）には通常の引き算，図（b）には2の補数を用いて引き算を足し算に変更して行った場合を示している。

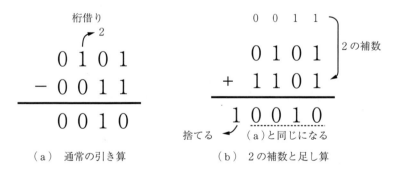

図 2.12　2の補数を用いた引き算

　図（b）において，引く数0011の2の補数は1101になる。2の補数を用いた場合，引き算 0101 − 0011 は，足し算 0101 + 1101 で表すことができる。足し算の結果は10010になる。ここで扱う2進数は4ビットとしているため，5ビット目の1を捨てて，0100とする。結果は図（a）で行った引き算と同じになる。負数を2の補数で表すことにより，引き算を足し算で実現することができる。

2.5.3 2進数で表現できる数の範囲

2進数4ビットで表現できるパターンは0000から1111までである。これを使って正数のみを表すとすると，表現できる数の範囲は，0〜15になる。nビットで表現できる正数の範囲はつぎのようになる。

$$0 \sim 2^n - 1$$

正数だけでなく負数まで表すとすると，2の補数表現の2進数4ビットで表現できる範囲は，2.5.1項で述べたように$-8 \sim 7$になる。2の補数表現の2進数nビットで表現できる整数の範囲はつぎのようになる。

$$-2^{n-1} \sim 2^{n-1} - 1$$

2.6 実数の表し方

2.6.1 固定小数点

固定小数点とは，有限桁nビットに対して，上位何ビットが整数で，下位何ビットが小数であるか，小数点の位置をあらかじめ固定して実数を表す形式である。

10進数を8桁で表現する場合，上位5桁を整数，下位3桁を小数と決めると，256.368や3.14などの数は表現できる。しかし，149600や0.0123のようにあらかじめ決められた桁数を超えた大きい数や小さい数は表現できない。このように，固定小数点で実数を表す場合，表現できる数の範囲は，整数と小数に割り当てられた桁数で決まる。

2進数の場合も10進数と同様に，表現できる桁数と小数点の位置が決まると，表せる数の範囲が決まる。**図 2.13**に示した数は有限桁が8ビットで，上

図 2.13 固定小数点の表記例

位5ビットが整数，下位3ビットが小数になるように小数点の位置が固定されているとする．8ビットには数値のみが表示され，小数点の位置は表示されないが，小数点があるものとして扱う．図2.13に表示されているパターン00101011のうち，上位5ビットの00101が整数，下位3ビットの011が小数として処理される．有限桁8ビットを使い，整数5ビット，小数3ビットで実数を表すとすると，整数が6ビット以上の数や，小数が4ビット以上の数は表すことができない．

現在，世の中で使われているコンピュータのほとんどが，小数点の位置を最右端に固定している．すなわち，固定小数点で表す数は整数のみで，小数については，次項の浮動小数点で表すようにしている．

2.6.2 浮動小数点

浮動小数点とは，指数表記による数値の表現方法である．指数表記では，実数を

$$\pm M \times r^E$$

の形式で表す．**符号**はプラスかマイナス，Mは**仮数**，Eは**指数**である．rは基数で，2進数の場合は2，10進数の場合は10である．

10進数の3.14を浮動小数点で表す場合，3.14×10^0，0.0000314×10^5，3140000×10^{-6}等，いろいろな表記ができる．このように，指数の値を変えることにより，小数点の位置をいろいろ変えて（浮動で）表せるので，浮動小数点といわれる．浮動小数点では，5.67×10^{30}や2.34×10^{-45}など，非常に大きな数や小さな数を簡単に表すことができる．

仮数の小数点の位置を最上位桁の左側に固定して，仮数を小数点以下5桁の小数で表すことにすると，3.14159…は0.31415×10^1，0.03141×10^2，0.00314×10^3，…等の表し方ができる．0.03141×10^2や0.00314×10^3と表記するよ

り，0.31415×10^1 と表記するほうが有効桁は多くなる。有効桁が最も多くなるように指数を調整することを正規化という。

2 進数の浮動小数点形式の標準である IEEE 754 形式では，単精度は 32 ビット，倍精度は 64 ビットを使って，符号，指数，仮数を表記する。図 2.14 に示すように，単精度の場合，符号に 1 ビット，指数部に 8 ビット，仮数部に 23 ビットが割り当てられている。図には，10 進数の 13.25，すなわち 2 進数 $1.10101 \times 2^{+3}$（わかりやすくするため指数は 10 進数で表示）を単精度浮動小数点で表す例を示している。

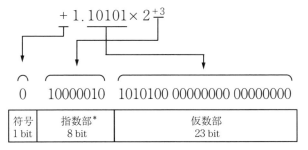

図 2.14　IEEE 754 形式の単精度浮動小数点の表記

符号は＋（正数）なので 0 となる（－（負数）の場合は 1 となる）。続く指数部には指数（10 進数の＋3）に 127 を加えた 130 を 8 ビットの 2 進数で表した 10000010 を格納する。仮数部は仮数 1.10101 の小数点以下の 10101 が 23 ビットになるように後ろに 0 を補充して格納する。IEEE754 形式の場合，小数点の上位 1 桁目に必ず 1 がくるように正規化し，仮数の最初の 1 は表記に含めない。これにより表記できる有効桁を 1 ビット増やすようにしている。

2.7 誤　　　差

　コンピュータで数を扱う場合，あらかじめ決められた有限桁数（8ビット，16ビット，32ビット，64ビット等）の範囲でしか扱えない。そのため，絶対値が極端に大きい数と極端に小さい数の演算などによってコンピュータの有限桁を超えた結果が出た場合，演算結果と表現できる値との差が生じる。その差を誤差と呼ぶ。誤差の種類には丸め誤差，情報落ち，桁落ち，桁あふれ誤差がある。

　〔1〕**丸め誤差**　　有限桁の範囲内で数を表記できない場合，桁数が小さい部分について四捨五入や切上げ，切下げなどを行う。この際に生じる誤差を丸め誤差という。10進数の0.1を2進数に変換した場合，0.0001100110011…のように無限小数になる。仮数部の桁数が8桁しかないとすると，0.0001100110011…は，小数点のすぐ右に1がくるように正規化を行い，0.11001100×2^{-3}のように表記することになる。仮数の8桁目より小さい数は切り捨てられる。切り捨てられた部分の値が丸め誤差の値になる。

　〔2〕**情報落ち**　　浮動小数点表記では，絶対値が極端に異なる数同士の引き算や足し算を行う場合，小さいほうの数値のすべて，あるいは一部が失われることがある。このように，小さい数値が計算に反映されないために生じる誤差を情報落ちという。例えば，つぎに示す二つの2進数の足し算は

$$0.10101 \times 2^5 + 0.10101 \times 2^{-3} = 0.10101 \times 2^5 + 0.0000000010101 \times 2^5$$
$$= 0.1010100010101 \times 2^5$$

のようになる。仮数部に割り当てられている桁数が8桁とすると，この計算結果は，0.10101000×2^5になる。小さいほうの数値がまったく反映されていないことがわかる。

　〔3〕**桁落ち**　　値がほぼ等しい数同士の引き算を行った場合，有効な桁数が減少することを桁落ちという。例えば，値がほぼ等しい0.1111×2^4と0.1110×2^4の引き算を行うと

$$0.1111 \times 2^4 - 0.1110 \times 2^4 = 0.0001 \times 10^4$$

になる。引き算を行う前の有効桁数は4桁であったが，計算結果の有効桁数は1桁になる。このように，計算によって有効桁数が減ることを桁落ちという。

〔4〕 **桁あふれ誤差**　演算の結果がコンピュータの扱える最大値や最小値を超えたときに生じる誤差を桁あふれ誤差という。2の補数を用いる場合，4ビットで表現できる範囲は$-8 \sim 7$である。この範囲内にある二つの正数0111と0001との足し算を行うと

$$0111 + 0001 = 1000$$

になる。0111は10進数では7，0001は1，1000は-8であり，計算結果に矛盾が生じている。

　7と1を足すと8になるが，8は4ビットで表現できる範囲を超えている。このように，計算した結果が表現できる最大値を超えてしまうことを**オーバフロー**という。逆に表現できる最小値を超えてしまうことを**アンダフロー**という。オーバフローやアンダフローが起こると，計算結果に矛盾が生じる。

論理演算と論理回路

3.1 論 理 演 算

3.1.1 論理演算の種類

コンピュータで行われる計算は演算と呼ばれ，加減乗除の四則演算のほかに**論理演算**がある。論理演算は，1（真）または0（偽）の二つの値をとる入力に対して演算を行い，1または0の結果を出力する演算のことである。コンピュータのしくみを理解し，使いこなすために必要な基本知識の一つで，プログラミングを身につけるうえでも理解しておく必要がある。論理演算の表現方法として，真理値表，ベン図（Venn diagram），論理式が使われる。

真理値表は，すべての入力の組合せと演算結果（出力）を一つの表にまとめて書いたものである。**ベン図**は，四角形の中に入力の数と同じ数の円を，相互に重なりが出るように書いたものである。四角形の中は入力のすべての組合せを表し，円の中は対応する入力が1，外は0を表す。**論理式**は，論理演算を式で表したものである。

論理演算の種類には，論理積，論理和，否定，排他的論理和，否定論理積，否定論理和等がある。

〔1〕 **論理積（AND）** 論理積とは，二つの入力AとBがともに1である場合のみ出力Xは1になり，AとBのうち一つでも0があればXは0になる演算である。AとBの論理積はA·Bと表す。論理積の真理値表，ベン図および論理式を**図 3.1**に示す。

3.1 論理演算　25

真理値表　　　　　論理式：X = A·B

入力		出力
A	B	X
0	0	0
0	1	0
1	0	0
1	1	1

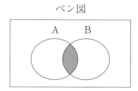

図 3.1　論理積（AND）

〔2〕**論理和（OR）**　論理和とは，二つの入力AとBのどちらか一方または両方とも1であれば出力Xは1になり，AとBの両方とも0であればXは0になる演算である。AとBの論理和はA+Bで表す。論理和の真理値表，ベン図および論理式を**図 3.2**に示す。

真理値表　　　　　論理式：X = A + B

入力		出力
A	B	X
0	0	0
0	1	1
1	0	1
1	1	1

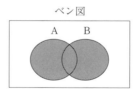

図 3.2　論理和（OR）

〔3〕**否定（NOT）**　否定とは，入力Aが1であれば出力Xは0になり，Aが0であればXは1になる演算である。Aの否定は$\overline{A}$で表す。否定の真理値表，ベン図および論理式を**図 3.3**に示す。

真理値表　　　　論理式：X = $\overline{A}$

入力	出力
A	X
0	1
1	0

図 3.3　否定（NOT）

〔4〕 **排他的論理和（XOR）** 排他的論理和とは，二つの入力AとBが異なる値のとき出力Xは1になり，AとBが同じ値のときXは0になる演算である。AとBの排他的論理和はA⊕Bで表す。排他的論理和の真理値表，ベン図および論理式を**図3.4**に示す。

真理値表

入力		出力
A	B	X
0	0	0
0	1	1
1	0	1
1	1	0

論理式：X = A⊕B

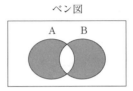

図3.4 排他的論理和（XOR）

〔5〕 **否定論理積（NAND）** 否定論理積とは，二つの入力AとBがともに1の場合だけ出力Xは0になり，それ以外の場合，Xは1になる演算である。AとBの否定論理積は$\overline{A \cdot B}$で表す。否定論理積の真理値表，ベン図および論理式を**図3.5**に示す。

真理値表

入力		出力
A	B	X
0	0	1
0	1	1
1	0	1
1	1	0

論理式：X = $\overline{A \cdot B}$

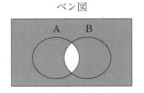

図3.5 否定論理積（NAND）

〔6〕 **否定論理和（NOR）** 否定論理和とは，二つの入力AとBがともに0の場合だけ出力Xは1になり，AとBのどちらか一方または両方とも1であれば，Xは0になる演算である。AとBの否定論理和は$\overline{A + B}$で表す。否定論理和の真理値表，ベン図および論理式を**図3.6**に示す。

真理値表　　　　　論理式：X = $\overline{A+B}$

入力		出力
A	B	X
0	0	1
0	1	0
1	0	0
1	1	0

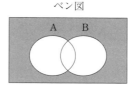
ベン図

図 3.6　否定論理和（NOR）

3.1.2　論理演算の基本定理

論理演算でも四則演算と同じように，いくつかの基本定理がある。代表的な定理として，交換法則，分配法則，結合法則，ド・モルガンの法則がある。

- **交換法則**：$A \cdot B = B \cdot A$　　$A + B = B + A$
- **分配法則**：$A \cdot (B + C) = (A \cdot B) + (A \cdot C)$　　$A + (B \cdot C) = (A + B) \cdot (A + C)$
- **結合法則**：$A \cdot (B \cdot C) = (A \cdot B) \cdot C$　　$A + (B + C) = (A + B) + C$
- **ド・モルガンの法則**：$\overline{A \cdot B} = \overline{A} + \overline{B}$　　$\overline{A + B} = \overline{A} \cdot \overline{B}$

これらの法則が成り立つことの証明は，真理値表やベン図を使って簡単に行うことができる。

3.1.3　複数ビットの論理演算

コンピュータ内部では 4 ビット，8 ビット，32 ビット等，複数ビットをまとめて取り扱う。このため，複数ビットに対していろいろな演算を行うことが多い。複数ビットの足し算や引き算の場合は，桁上りや桁借りなどがあるように，同じ桁の数同士で演算を行うだけでなく，上位や下位の演算の影響を受ける。複数ビットの論理演算の場合は，同じ桁の数同士で演算するだけでよい。上位や下位の桁からの影響は受けない。複数ビットの論理積，論理和，排他的論理和の演算の一例を**図 3.7**に示す。

複数ビットの論理演算を使うことにより，特定のビットだけを取り出すことが簡単にできる。**図 3.8**は，8 ビットのデータの下位 4 ビットのみを取り出す例を示している。ここでは，元のデータ 10110110 とマスクデータ 00001111 と

```
       1 0 1 0           1 0 1 0            1 0 1 0
   AND 0 1 1 0        OR 0 1 1 0       XOR  0 1 1 0
       0 0 1 0           1 1 1 0            1 1 0 0
     （a） 論理積         （b） 論理和        （c） 排他的論理和
```

図 3.7 複数ビットの論理演算

```
       1 0 1 1 0 1 1 0    元のデータ
   AND 0 0 0 0 1 1 1 1    マスクデータ
       0 0 0 0 0 1 1 0
```

図 3.8 マスク処理

の論理積演算を行い，元のデータの下位4ビットのみを取り出している。このように必要のないビットを消して，必要なビットのみを取り出す操作をマスク処理という。

3.1.4 加法標準形

入力が多く，複雑な論理を表す場合，まず，真理値表を作成し，それを論理式で表す。真理値表から論理式を作成する方法として**加法標準形**がある。**図 3.9**は真理値表から加法標準形で論理式を作成した例を示している。出力 X の論理式を作成するためには，まず，真理値表の出力が1のところを入力 A，

入力			出力
A	B	C	X
0	0	0	0
0	0	1	1
0	1	0	1
0	1	1	0
1	0	0	0
1	0	1	0
1	1	0	1
1	1	1	1

$$X = \overline{A}\cdot\overline{B}\cdot C + \overline{A}\cdot B\cdot\overline{C} + A\cdot B\cdot\overline{C} + A\cdot B\cdot C$$
$$= \overline{A}\cdot\overline{B}\cdot C + \overline{A}\cdot B\cdot\overline{C} + A\cdot B$$

図 3.9 加法標準形

B，C の論理積で表す．図では，X = 1 となる入力の組合せは四通りあり，それぞれを論理式で表すと，$\overline{A}\cdot\overline{B}\cdot C$，$\overline{A}\cdot B\cdot\overline{C}$，$A\cdot B\cdot\overline{C}$，$A\cdot B\cdot C$ になる．この四つの論理和をとれば，図の真理値表の出力 X は次式で表せる．

$$X = \overline{A}\cdot\overline{B}\cdot C + \overline{A}\cdot B\cdot\overline{C} + A\cdot B\cdot\overline{C} + A\cdot B\cdot C = \overline{A}\cdot\overline{B}\cdot C + \overline{A}\cdot B\cdot\overline{C} + A\ B$$

3.2 論 理 回 路

3.2.1 論理回路とその表記

論理回路とは，論理演算を行う回路であり，コンピュータの回路設計などで使われる．論理演算の AND，OR，NOT，XOR，NAND，NOR を実現する基本的な論理回路がある．基本的な論理回路を表記するため，米軍の **MIL 規格**（ミル）（military standard）で規定した記号がよく使われる．MIL 規格の論理回路の記号を**図 3.10** に示す．図では左側が入力，右側が出力である．

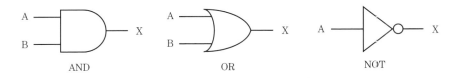

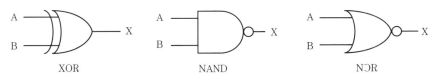

図 3.10　論理回路の表記

加算器やシフト演算器，データを記憶するレジスタ等の論理回路は，図 3.10 の基本的な論理回路を複数組み合わせて実現される．複雑な働きをするコンピュータ全体の論理回路も同様である．論理回路は，出力の決まり方によって組合せ回路と順序回路に分類できる．

3.2.2 組合せ回路

組合せ回路とは,入力の値だけで出力が一意に決まる論理回路である。組合せ回路の代表的な論理回路として加算器がある。1 ビット分の加算を行う加算器には半加算器と全加算器がある。8 ビットや 32 ビットのように,複数ビットの加算を行うには,最下位桁の加算には半加算器を使い,それより上位の桁の加算には全加算器を用いる。

〔1〕 **半加算器（HA）** 半加算器 (half adder, HA) とは,下位桁からの桁上げを考慮しないで,同じ桁同士のデータの加算を行う論理回路である。n 桁の加算器の最下位桁の加算や,つぎに述べる全加算器を作るための部品などとして用いる。半加算器は二つの入力 A,B を取り込み,加算値 S と上位桁への桁上げ C を出力する。図 3.11 に半加算器の真理値表を示す。真理値表から,出力 S,C の論理式は

$$S = (\overline{A} \cdot B) + (A \cdot \overline{B}) = A \oplus B$$

$$C = A \cdot B$$

となる。これより,半加算器の論理回路は図 3.12 のように表される。

入力		出力	
A	B	S	C
0	0	0	0
0	1	1	0
1	0	1	0
1	1	0	1

図 3.11 半加算器の真理値表

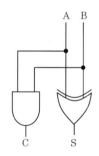

図 3.12 半加算器の論理回路

〔2〕 **全加算器（FA）** 全加算器 (full adder, FA) とは,同じ桁同士の二つのデータと下位桁からの桁上げを加算する論理回路である。二つのデータ A,B および下位桁からの桁上げ C_{in} を入力し,加算値 S と上位桁への桁上げ C_{out} を出力する。図 3.13 に示す全加算器の真理値表から,出力 S,C_{out} の論理式は

3.2 論理回路   31

入力			出力	
A	B	C_{in}	S	C_{out}
0	0	0	0	0
0	0	1	1	0
0	1	0	1	0
0	1	1	0	1
1	0	0	1	0
1	0	1	0	1
1	1	0	0	1
1	1	1	1	1

図 3.13 全加算器の真理値表

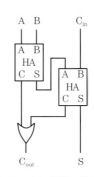

図 3.14 全加算器の論理回路

$S = A \oplus B \oplus C_{in}$

$C_{out} = A \cdot B + (A \oplus B) \cdot C_{in}$

となる。全加算器（FA）の論理回路を**図 3.14**に示す。1 個の全加算器は 2 個の半加算器（HA）と 1 個の OR 回路を用いて構成される。

〔3〕 ***n 桁の加算器***　　n 桁の加算器の論理回路を**図 3.15** に示す。n 桁の加算器は，最下位桁の加算を行う半加算器とそれより上位の桁の加算を行う全加算器で作られている。この加算器は前の桁の桁上り（キャリー）がつぎの全加算器への入力になっている。キャリーが下位桁から上位桁へ順番に伝わっていくため，リップルキャリー加算器といわれる。

リップルキャリー加算器では，キャリーが最下位桁から順に最上位桁まで伝

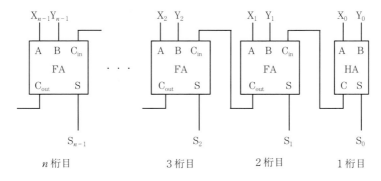

図 3.15 n 桁の加算器

わる必要があり，計算に時間がかかる。計算時間を短縮するため，考えられたのがキャリー先見加算器（carry look-ahead adder, CLA）である。CLA は桁上げがあるか否かを先見する論理回路を有し，そこで得たすべての桁の桁上げデータを用いて，一気に各桁の加算を行う。これにより，計算時間が大幅に短縮できる。

3.2.3 順序回路

順序回路とは，データを記憶する回路を内部に有し，入力と内部で記憶したデータの両方の値により出力が決まる論理回路である。データを記憶する回路として**フリップフロップ**（flip-flop）がある。

図 3.16 は RS フリップフロップの論理回路である。RS の R はリセット，S はセットの略である。入力は R と S の二つ，出力は Q と $\overline{Q}$ である。$\overline{Q}$ は Q の否定である。RS フリップフロップの真理値表を**図 3.17** に示す。R と S がともに 0 のとき，出力 Q は記憶した状態（0 または 1）を保持する。R が 0 で S が 1 の場合，出力 Q は 1 にセットされる。R が 1 で S が 0 の場合，出力 Q は 0 にリセットされる。R と S がともに 1 になるような入力は禁止されている。

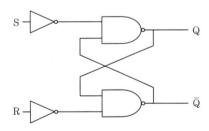

入力		出力
R	S	Q
0	0	保持
1	0	0
0	1	1
1	1	禁止

図 3.16 RS フリップフロップの論理回路　　**図 3.17** RS フリップフロップの真理値表

RS フリップフロップに 1 を記憶させたいときは，R＝0，S＝1 として，Q に 1 をセットする。その後，S＝0 として，Q＝1 を保持させる。RS フリップフロップに 0 を記憶させたいときは，R＝1，S＝0 として Q を 0 にリセットする。その後，R＝0 として，Q＝0 を保持させる。このように RS フリップフロップを用いると，1 ビットの情報を記憶させることができる。

コンピュータの種類

4.1 コンピュータの種類と特徴

世の中ではいろいろな種類のコンピュータが使われている。代表的なコンピュータの種類と特徴を**表 4.1**に示す。コンピュータを分類すると，おもに個人で使用するコンピュータ，企業などの情報システムの中核としてサービスを提供するコンピュータ，自動車や家電製品等いろいろな装置に組み込まれて働くコンピュータに分類できる。個人使用のコンピュータにはパーソナルコンピュータ（パソコン）やタブレット，スマートフォン等がある。企業などでサービスを提供するコンピュータにはサーバ，メインフレーム，スーパーコンピュータ等がある。装置に組み込まれて働くコンピュータはマイクロコント

表 4.1　コンピュータの種類と特徴

コンピュータの種類	特　徴	おもな用途
パソコン タブレット スマートフォン	個人使用のコンピュータ	メールの送受信 Web ページの閲覧 文書作成 ゲーム
サーバ メインフレーム スーパーコンピュータ	企業などでサービスを提供するコンピュータ	メールサーバ Web サーバ ファイルサーバ バンキングシステム 大規模シミュレーション
マイクロコントローラ （マイコン）	装置に組み込まれて働くコンピュータ	家電製品の制御 自動車の制御

ローラ（マイコン）といわれ，装置の機能や性能を向上するために使われている。装置に組み込まれて働くことから，組込みシステムといわれることもある。

4.2 個人使用のコンピュータ

個人で使用することを目的としたコンピュータは**パーソナルコンピュータ**（personal computer，**PC**）といわれる。PC には机の上に置いて使用するデスクトップ型，持ち運びが容易なノート型がある。PC は本体，ディスプレイ，キーボード，マウス等の機器から構成される。**図 4.1** に示すように，デスクトップ型 PC は各機器が別々になっているものが多く，ケーブルなどで接続して使用する。一方，ノート型 PC は各機器が薄くて小さい箱に一体化され，持ち運びがしやすいようになっている。

図 4.1 デスクトップ型 PC
（提供：富士通株式会社）

PC はネットワークを介して企業などで使用されるサーバに接続することにより，メールの送受信や Web ページの閲覧などができる。また，ワープロソフトや表計算ソフト，プレゼンテーションソフトをインストールすることにより，文書作成，表計算，プレゼンテーション資料の作成ができる。ゲームソフトをインストールすれば，ゲームを楽しむこともできる。PC にインストールされたソフトを単独で使用する場合は，ネットワークに接続しなくてもよい。

タブレットや**スマートフォン**も個人使用のコンピュータの一種といえる。タ

ブレットは板状の装置の中にコンピュータの本体機能が内蔵され，装置の片面がタッチパネルになっている。キーボードやマウスはなく，タッチパネルを直接触って操作する。スマートフォンはタブレットと同じ形状，機能を有し，電話機能を持ったコンピュータといえる。

4.3　企業などでサービスを提供するコンピュータ

　ネットワークで接続された多くの端末からの処理要求に対してサービスを提供するコンピュータにはサーバ，メインフレーム，スーパーコンピュータがある。これらのコンピュータはおもに企業の基幹業務などで使われており，高い信頼性や拡張性が求められる。

　〔1〕　サ　ー　バ　　サーバとしては，PCを利用したPCサーバもあるが，サービスの提供に特化した，高性能で拡張性に優れたサーバ専用機が多く使われている。サーバには高い可用性（システムが運転を継続できる能力）が求められるため，サーバ専用機には可用性を高めるための機能を実装しているものも多い。ブレードサーバといわれるサーバ専用機を図 4.2 に示す。図の左端の細長い基板が1個のサーバで，必要な要素がすべて実装されている。基板が細長く，刀（ブレード）に似ていることから，ブレードサーバといわれる。図 4.2 のブレードサーバは，この基板が上段に9個，下段に9個差し込めるようになっている。

図 4.2　ブレードサーバ
（提供：富士通株式会社）

サーバはおもに自社内のコンピュータ室に設置されて，自社の社員により運用・保守されることが多い。しかし，運用・保守の専門家を社内で確保することが大変であるため，自社で使用するサーバを社外で預かってもらい，運用・保守業務を社外に委託（**アウトソーシング**）することもある。サーバを預かり運用・保守サービスを提供する施設をデータセンターという。データセンターを運営する業者が自前で多数のサーバを設置し，それを貸し出すサービスを行うこともある。

〔2〕 **メインフレーム**　企業の基幹業務システムの一部では，メインフレームと呼ばれる大型コンピュータが使用されている。メインフレームのことを汎用コンピュータということもある。メインフレームでは二重化などにより高い信頼性を実現することができる。1980年代ごろまでは，企業の情報システムはメインフレームを中心に構築されていた。しかし，1990年代ごろから安価なサーバを複数用いて情報システムを構築するダウンサイジングの流れにより，サーバに取って代わられてきた。しかし，長い使用実績に基づく信頼性や安定性から，いまでも使われ続けている。特に，高い信頼性と安定したサービスの提供が強く求められる銀行のバンキングシステムではメインフレームが使われている。

〔3〕 **スーパーコンピュータ**　大規模な科学技術計算に特化したコンピュータはスーパーコンピュータといわれる。スーパーコンピュータは自動車や高層ビルの設計，気象予測，遺伝子解析等，大量の科学技術計算を必要とする分野で使われている。スーパーコンピュータは科学技術の発展に欠かせないものであり，世界規模で開発競争が激化している。日本では，図4.3の「京(けい)」と呼ばれるスーパーコンピュータが有名である。「京」は，浮動小数点演算を1秒間に1京回実行することができることから命名された。全体で864ラック（筐体(きょうたい)）からなり，一つのラックに102のCPUが実装されている。全体のCPU数は88 128個である。CPUとはコンピュータの中核となる装置であり，5.2節で詳しく説明する。

4.4 装置に組み込まれて働くコンピュータ　　37

図 4.3　スーパーコンピュータ「京」
(理化学研究所計算科学研究機構)

4.4　装置に組み込まれて働くコンピュータ

　自動車や家電製品，産業用の機器に組み込まれ，それぞれの機器の機能や性能を向上させるために働くコンピュータは**マイクロコントローラ（マイコン）**といわれる。装置に組み込まれて働くことから，**組込みシステム**や**エンベデッドシステム**（embedded system）といわれることもある。
　組込みシステムの仕組みを**図 4.4**に示す。装置内のセンサで検出した信号がマイクロコントローラに入力される。入力された信号を，マイクロコント

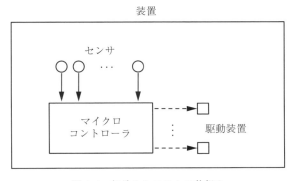

図 4.4　組込みシステムの仕組み

ローラで処理し，駆動装置を制御する。このような処理を短い間隔で，繰り返し行うことにより，装置に要求される機能や性能を実現する。例えば，炊飯器に組み込まれるシステムの場合，温度センサからの信号により，現在の釜の温度などを算出する。いままでの釜の温度や経過時間などを基にマイクロコントローラで処理し，電熱器へ指示を出す。このような処理を短い間隔で繰り返し行い，美味しいご飯を炊きあげる。

　家庭や会社，工場で使われるほとんどの機器にはマイクロコントローラが組み込まれているといっても過言ではない。家庭で使用されているテレビ，炊飯器，冷蔵庫，洗濯機等，多くの家電製品にマイクロコントローラが組み込まれている。また，駅の券売機や改札機，あちこちで見かける自動販売機にもマイクロコントローラが組み込まれている。自動車ではエンジン制御，ブレーキ制御，ドア制御，エアバック，カーオーディオ等，いろいろなところで多くのマイクロコントローラが使われている。

コンピュータの構成要素

5.1 コンピュータの構成

5.1.1 コンピュータを構成する装置

コンピュータは**制御装置**，**演算装置**，**記憶装置**，**入力装置**（キーボードやマウス），**出力装置**（ディスプレイやプリンタ）の五つの装置から構成される。コンピュータの基本構成を**図5.1**に示す。図中において，実線は各装置間のデータの流れ，点線は命令の流れ，破線は制御装置からの制御の流れを表す。制御装置は記憶装置に格納されている命令を読み出し，その命令に従って各装置の制御を行う。演算装置は記憶装置に格納されたデータ間の演算などを行う。記憶装置は命令やデータを格納し，各装置とのデータのやり取りを行う。

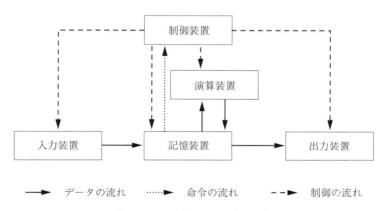

図 5.1　コンピュータの基本構成

入力装置はデータの入力を行う装置で，入力されたデータは記憶装置に格納される。出力装置はデータの出力を行う装置で，記憶装置内のデータを出力する。

5.1.2 命令実行の流れ

命令実行の流れを**図 5.2**に示す。命令は記憶装置に格納されており，制御装置が命令を読み出し，解読する。解読した結果に従って，演算装置がデータを読み出し，演算を行う。一つの命令の実行が終わると，つぎの命令を実行する。コンピュータは命令を一つひとつ順番に実行することにより，プログラム（13章参照）で記述した処理を行う。

図 5.2　命令実行の流れ

プログラムはデータと一緒に記憶装置に格納される。このようにプログラムを記憶装置に格納する方式は**プログラム内蔵方式**といわれる。現在使われているコンピュータのほとんどはプログラム内蔵方式である。このコンピュータの開発者の名前をとって**ノイマン型コンピュータ**といわれることもある。プログラム内蔵型コンピュータは，記憶装置に格納するプログラムを変えることにより，いろいろな用途に使うことができる。例えば，ワープロ用のプログラムを格納して実行させれば文書の作成ができるし，ゲーム用のプログラムを格納して実行させればゲームを楽しむことができる。

5.2　CPU

5.2.1　CPU の構成

コンピュータの中心的な役割を担う制御装置と演算装置をあわせて**中央処理装置**（central processing unit, **CPU**）という。CPU には半導体技術が適用さ

れ，通常，一つのチップ（半導体で構成された電子回路を小さなパッケージに封入したもの）で作られる。

CPUの構成を**図5.3**に示す。制御装置は，つぎに実行する命令の記憶装置上のアドレスを格納する**プログラムカウンタ**や，記憶装置から読み出した命令を格納する**命令レジスタ**および，命令を解読する**デコーダ**等により構成される。演算装置は演算を行う**演算器**や，頻繁に使うデータを一時的に格納しておく**汎用レジスタ**等により構成される。

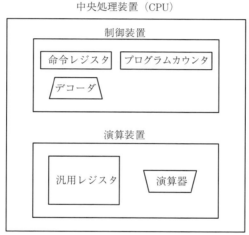

図5.3 CPUの構成

5.2.2 クロック

CPUはデータを格納するレジスタや演算器など，いろいろな電子回路で実現されている。CPUの回路の一部を**図5.4**に示す。図5.4では演算レジスタ1，演算レジスタ2に格納されているデータに対し，演算器で演算を行い，その結果を結果レジスタに格納する回路を示している。演算レジスタ1，演算レジスタ2にデータが格納されてから，演算器で二つのデータに対して演算を行うには時間がかかるので，結果レジスタに演算結果を格納するときは一定時間経過した後でなければならない。正確な演算結果を得るためには，演算レジス

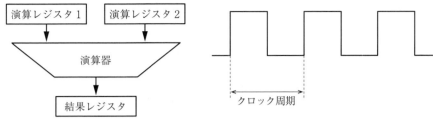

図 5.4　CPU の回路の一部　　　　　　図 5.5　クロック

タ 1，演算レジスタ 2 および結果レジスタにデータを格納するタイミングをとる必要がある。レジスタにデータを格納するタイミングをとるために用いられるのが**クロック**である。クロックの例を**図 5.5** に示す。クロックは発振器により生成され，一定周期ごとに同じ波形を繰り返す。1 クロックの時間をクロック周期，1 秒間のクロック数をクロック周波数という。

　演算レジスタ 1，演算レジスタ 2 および結果レジスタにデータを格納するタイミングをクロックの立ち上がりで行うように設計すると，演算時間よりクロック周期が少し長いクロックを用いる必要がある。半導体技術の進歩により電子回路のスピードが速くなると，演算時間が短くなるため，クロック周期の短いクロックを用いることができる。その結果，5.2.4 項で述べるように CPU の性能が向上する。

5.2.3　CPU の高速化方式

　一つの命令を実行するためには，命令読出し，命令解読，データ読出し，演算といった段階を一つずつ順を追って行わなければならない。命令の実行を少しでも速く行うために考えられたのがパイプライン処理やスーパスカラによる高速化方式である。また，CPU の別の高速化方式として，半導体チップ上に複数の CPU コア（演算や制御など CPU の中核となる電子回路）を実装して高速化するマルチコアがある。

　〔1〕　**パイプライン処理**　　パイプライン処理の一例を**図 5.6** に示す。パイプライン処理では，一つの命令の読出しが終わり解読にかかった時点で，つ

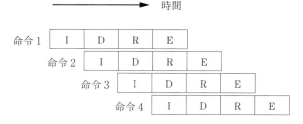

図 5.6　パイプライン処理

ぎの命令の読出しを並行して行う．このように命令の実行段階を少しずつずらし，一時期に複数の命令を同時に処理する方式がパイプライン処理である．図 5.6 では，命令の実行段階を I, D, R, E の 4 段階に分けた例を示しているが，命令の実行段階を数十段階に分け，同時に実行する命令を多くしたパイプライン処理を行う CPU もある．

〔2〕　**スーパスカラ**　　CPU の高速化方式として，パイプライン処理をさらに推し進めたものがスーパスカラである．スーパスカラの一例を**図 5.7** に示す．パイプライン処理では命令の読出しから始まる各段階の処理は一時期には一つの命令だけであるが，スーパスカラでは，複数の命令を同時に読み出し，それに続く各段階の処理も複数の命令で同時に行う．すなわち，パイプラインが複数流れているような処理のやり方である．

図 5.7 は二つの命令を並列に実行した場合の例であるが，さらに多くの命令を並列に実行するスーパスカラもある．スーパスカラでは並列に実行する命令

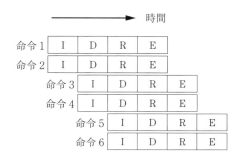

図 5.7　スーパスカラ（2 命令並列実行の例）

数を多くすることにより命令の実行速度は向上するが、命令実行順序の依存関係から同時に実行できる命令数には制限があり、性能向上には限界がある。

〔3〕 **マルチコア**　パイプライン処理やスーパスカラは命令の実行速度を見かけ上高速化して、一つのプログラムを高速に実行するやり方である。マルチコアは一つのCPUチップ上にCPUコアを複数実装し、各CPUコアが独立に動作することにより、同時に複数のプログラムを実行できるようにした方式である。マルチコアの例を**図5.8**に示す。CPUコアが二つ実装されたものはデュアルコア、四つ実装されたものはクアッドコアといわれる。CPUの高速化はマルチコアによるものが主流であり、今後もCPUコアの数が増えていく方向にある。複数のCPUコアを同時に効率よく動作させるためにはオペレーティングシステムの助けが必要になる。これについては、8章で説明する。

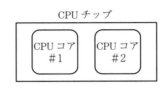

図5.8　マルチコア（デュアルコアの例）

5.2.4　CPUの性能

CPUの性能は、クロック周期と命令を実行するために必要な**平均クロック数**に依存する。一つの命令を実行するためのクロック数（cycles per instruction, **CPI**）は命令ごとに異なるため、平均クロック数は命令の出現頻度で加重平均をとって求める。命令iの出現頻度をα_i、クロック数をK_iとすると、平均クロック数Kは次式で表せる。

$$K = \Sigma \alpha_i \times K_i$$

さらに、クロック周期をTとすると、CPUの平均命令実行時間gは次式で表せる。

$$g = T \times K$$

CPUの性能を表す単位として**MIPS**（million instruction per second）が使わ

れる。1 MIPS は 1 秒間に 100 万回命令実行することを表す。平均命令実行時間 g の CPU の性能（MIPS 値）は次式で表すことができる。

$$\text{CPUの性能} = \frac{1}{g \times 10^6} = \frac{1}{T \times K \times 10^6}$$

クロック周期が短く，平均クロック数が小さいほど CPU の性能は高くなる。

5.3 記 憶 装 置

5.3.1 記憶装置の構成

CPU が実行するプログラムやデータを格納する記憶装置は**主記憶装置**と**補助記憶装置**から構成される。記憶装置の構成を**図 5.9** に示す。主記憶装置は単にメモリといわれることもあり，半導体メモリで構成される。補助記憶装置にはいろいろな種類の装置があり，代表例としては磁気ディスク装置がある。主記憶装置は電源が落ちると記憶している内容が消えてしまう揮発性の記憶装置である。一方で，補助記憶装置は電源が落ちても記憶している内容を保持できる不揮発性の記憶装置である。

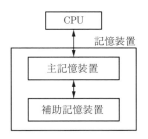

図 5.9 記憶装置の構成

CPU で実行するプログラムや扱うデータは補助記憶装置から主記憶装置に持ってくる必要がある。主記憶装置に読み込まれたデータは，プログラムの実行などにより主記憶装置上で変更や追加が行われる。データの変更や追加を有効にするためには，揮発性の主記憶装置から不揮発性の補助記憶装置に書き込む必要がある。

5.3.2 主記憶装置

主記憶装置は **DRAM**（dynamic random access memory）といわれる**半導体メモリ**で構成される。DRAMはコンデンサに電荷を蓄積しているか否かで情報を記憶する。蓄積している電荷は時間がたつと消えてしまうため，定期的に再書込みが必要となる。再書込みのことを**リフレッシュ**という。

主記憶装置にはいろいろなプログラムやデータが格納される。その場所を特定するために，主記憶装置には**アドレス**がつけられている。アドレスはバイト単位に，0番地から順に，実装されている容量までつけられる。

CPUは主記憶装置に格納された命令を読み出して解読し，主記憶装置に格納されたデータに対して演算などを行う。CPUの性能を高めるためには，主記憶装置の高速化が必要である。主記憶装置の高速化方式としてメモリインタリーブとキャッシュメモリがある。

〔1〕 **メモリインタリーブ**　メモリインタリーブを適用した主記憶装置の構成を**図5.10**に示す。主記憶装置にアクセスするためには，アドレスを与えてデータの読出しや書込みを行う窓口が必要である。主記憶装置にアクセスするための窓口とデータを記憶する部分をあわせたものをバンクという。主記憶装置のバンクが一つの場合，一時期には一つのアドレスにしかアクセスできない。そこで，バンクを複数設けることにより，同時に複数のアドレスに対して読出しや書込みを行うことができる。メモリインタリーブとは主記憶装置を独立に動作可能な複数のバンクで構成し，CPUと主記憶装置間のデータ転送能力を向上させる方式である。図5.10は二つのバンクで構成した例である。

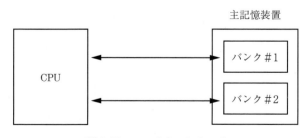

図5.10　メモリインタリーブ

5.3 記憶装置

〔2〕**キャッシュメモリ** キャッシュメモリとはCPUと主記憶装置の間に設けられた高速で小容量の記憶装置である。キャッシュメモリの位置付けを**図5.11**に示す。キャッシュメモリは**SRAM**（エスラム）（static random access memory）といわれる半導体メモリで構成される。SRAMはDRAMよりもアクセス速度が速く，3.2.3項で説明したフリップフロップで情報を記録するため，DRAMで必要とされたリフレッシュは不要である。

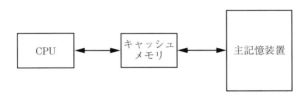

図5.11 キャッシュメモリ

使用頻度の高い命令やデータをキャッシュメモリに格納しておき，CPUが必要とする命令やデータがキャッシュメモリにある場合（キャッシュメモリにヒットした（見つかった）場合）は，キャッシュメモリから読み出すことにより，実効アクセス時間を短縮する。キャッシュメモリを用いた場合の**実効アクセス時間**は次式で表せる。

$$実効アクセス時間 = h \times T_C + (1-h) \times T_M$$

ここで，hはキャッシュメモリの**ヒット率**，T_Cはキャッシュメモリのアクセス時間，T_Mは主記憶装置のアクセス時間である。

キャッシュメモリは主記憶装置に比べて容量が小さいため，主記憶装置上のすべてのプログラムやデータを格納することはできない。CPUが命令を実行するごとに，必要とする命令やデータをキャッシュメモリに格納していくと，やがて一杯になる。それ以上のデータを格納する場合は，いままでに格納したデータを追い出す必要がある。

追い出すデータを決める制御方式として**LRU**（least recently used）方式や**FIFO**（ファイフォ）（first in first out）方式がある。LRU方式はCPUがアクセスしてから最も長い時間が経過したデータを追い出す方式である。一方で，FIFO方式はキャッ

シュメモリに格納されてから最も長い時間が経過したデータを追い出す方式である。LRU 方式は FIFO 方式に比べて制御は複雑になるが，容量が同一のキャッシュメモリの場合，ヒット率は LRU 方式のほうが高いといわれている。

CPU がデータを書き込む場合のキャッシュメモリの制御方式として，**ストアスルー方式**と**コピーバック方式**がある。ストアスルー方式はキャッシュメモリを書き換えると同時に主記憶装置のデータも書き換える方式である。コピーバック方式はキャッシュメモリだけを書き換える方式であり，主記憶装置の書換えは，キャッシュメモリからデータを追い出すときに行う。

ストアスルー方式の場合，データの書込みをキャッシュメモリだけでなく主記憶装置にも行うため，キャッシュメモリの高速化のメリットが出ない。一方，コピーバック方式の場合，制御は複雑になるが，データの書込みはキャッシュメモリのみに行うため，キャッシュメモリの高速化のメリットが出る。

5.3.3 補助記憶装置

補助記憶装置はプログラムやデータを保管するための記憶装置であり，コンピュータの電源を落としているときも記憶している内容を保持する。代表的な補助記憶装置としては，磁気ディスク装置，磁気テープ装置，光ディスク装置，USB メモリ，SSD，メモリカード等がある。

〔1〕 **磁気ディスク装置**　磁気ディスク装置はオペレーティングシステムやアプリケーションプログラムおよびデータを保管する補助記憶装置である。磁気ディスク装置の構成を**図 5.12** に示す。磁性体を塗布した薄い円盤状のディスクに情報を記録する。ディスクがアルミニウムやガラスなどの硬い

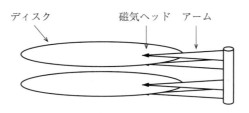

図 5.12　磁気ディスク装置の構成

（ハードな）素材で作られていることから**ハードディスク**といわれることもある。磁気ディスク装置にはディスクが1枚から複数枚使われる。データはディスクの両面に記録され，読み書きは磁気ヘッドで行う。

　磁気ディスク装置の記憶管理を**図5.13**に示す。磁気ヘッドを固定してディスクが1回転する間に，データの読み書きを行う。その結果，円周上にデータが記録される。これを**トラック**という。磁気ヘッドを細かく移動して，記録することにより，ディスク面には半径が異なる複数のトラックが形成される。ディスクの表面と裏面の両方に記録できるため，同じ半径のトラックが一つのディスク上に二つ形成される。ディスクが複数枚ある場合は，同じ半径のトラックはディスク枚数の2倍形成される。同じ半径のトラックの集まりを**シリンダ**という。

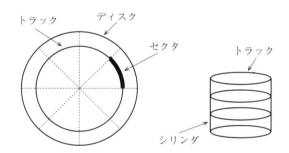

図5.13　磁気ディスク装置の記憶管理

　一つのトラックに記憶できるデータ量は大きいため，トラックを複数の**セクタ**に分割して管理する。セクタ，トラック，シリンダには番号が付与され，磁気ディスク装置に格納されるデータの位置は，これらの番号により管理される。磁気ディスク装置の記憶容量は年々向上している。2015年現在，使われている磁気ディスク装置の記憶容量は数百GB～数TBである。

　磁気ディスク装置のアクセス方法を**図5.14**に示す。磁気ディスク装置の読み書きを行うためには，まず，磁気ヘッドを読み書きしたい目的のデータが記録されているトラックまで移動させる必要がある。この動作を**位置決め（シーク）**という。つぎに，目的のデータが磁気ヘッドの直下に回転してくるまで待

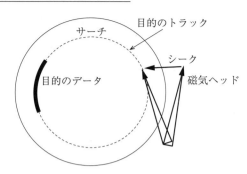

図5.14 磁気ディスク装置のアクセス方法

つ必要がある。これを**回転待ち（サーチ）**という。その後，データの読み書きを行う。この動作を**データ転送**という。磁気ディスク装置のアクセス時間は，位置決め時間（シーク時間），回転待ち時間（サーチ時間）およびデータ転送時間の和で表される。

〔2〕 **磁気テープ装置**　磁気テープ装置は磁性体を塗布したテープにデータを記録する。記憶容量が大きく，着脱可能なため，磁気ディスク装置のバックアップとして用いられることが多い。

〔3〕 **光ディスク装置**　光ディスク装置はレーザ光を利用してデータの読み書きを行う。使用するレーザ光の波長の違いにより，**CD**（compact disc），**DVD**（digital versatile disc），**BD**（blu-ray disc）の3種類がある。CDはディスクの片面に1層で記録する。DVDはディスクの両面に記録でき，記録層も1層のものと2層のものがある。BDはディスクの片面のみに記録するが，記録層は1層のものと2層のものがある。各光ディスク装置の記憶容量は**表5.1**に示すとおりで，記憶容量はCD，DVD，BDの順に大きくなる。

表5.1 光ディスク装置の記憶容量

	片面1層	片面2層	両面1層	両面2層
CD	700 MB	—	—	—
DVD	4.7 GB	8.5 GB	9.4 GB	17 GB
BD	25 GB	50 GB	—	—

5.3 記憶装置

　光ディスク装置の仕組みを図5.15に示す。レーザ光を光ディスクに照射し，反射したレーザ光を光センサで検出する。光ディスクの表面は樹脂でコーティングされているため，目で見たり，指で触って確認することはできないが，光ディスク上には凹凸が設けられている。この凹凸の並びによりデータが記録されている。レーザ光を照射したとき，この凹凸の状況により，レーザ光が反射したりしなかったりする。光センサの受光量の変化によりデータを読み取る。データを記録する場合は，機械的に凹凸を設ける方法と，ディスク面にレーザ光を照射して化学反応により凹凸を設ける方法がある。

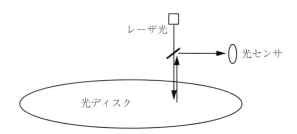

図5.15 光ディスク装置の仕組み

　ディスクの種類として，読出し専用のもの（CD-ROM，DVD-ROM，BD-ROM），一度だけ書き込めるもの（CD-R，DVD-R，BD-R），繰り返し書き換えができるもの（CD-RW，DVD-RW，DVD-RAM，BD-RE）がある。光ディスクは取り外しができるリムーバブルな補助記憶装置であり，ソフトウェアや音楽，映像等の配布に用いられる。また，ディスクの価格が安いことから，磁気ディスク装置のバックアップとして用いられる。

〔4〕 **USBメモリ**　USBメモリは**フラッシュメモリ**といわれる半導体メモリを用いた補助記憶装置である。フラッシュメモリは不揮発性のメモリで，電気が落ちても記憶している内容は消えない。USBメモリはパソコンのUSB端子に接続して，読み書きを行う。小型軽量であり，データの持ち運びやバックアップを行うために用いられる。

〔5〕 **SSD**　SSD（solid state drive）はフラッシュメモリを用いた補助記

憶装置であり，磁気ディスク装置の代わりとして用いられる。磁気ディスク装置は，データを読み書きする前に，サーチ時間やシーク時間がかかる。一方で，SSDは機械的に駆動する部分がないため，磁気ディスク装置に比べてアクセス時間が短い。また，衝撃にも強く，消費電力も小さい。しかし，記憶容量当りの単価は磁気ディスク装置に比べて高い。

〔6〕 **メモリカード**　メモリカードはフラッシュメモリを用いた補助記憶装置である。メモリカードは小型で消費電力が少ないため，ディジタルカメラやモバイル機器などの記録媒体として用いられる。世の中ではいろいろな規格のメモリカードが使用されている。代表的なメモリカードの規格には**SDカード**，**メモリスティック**，**コンパクトフラッシュ**，**スマートメディア**等がある。

5.3.4　記憶階層

コンピュータの記憶装置としては，高速で大容量のものが欲しい。しかし，一般に，高速な記憶装置ほど容量当りの価格は高くなり，記憶容量を大きくできない。一方，低速な記憶装置ほど容量当りの価格は低いため，記憶容量を大きくできる。いろいろな記憶装置を，低速で大容量のものから高速で小容量のものまで順に積み上げたものを**記憶階層**といい，これを**図5.16**に示す。現実的にコンピュータの記憶装置を構成する場合は，いろいろな記憶装置を組み合わせ，全体として価格性能比のよい記憶装置を実現する。

図5.16　記憶階層

5.4 入出力装置

5.4.1 入力装置

　入力装置は文字や数字，座標位置，写真等のデータをコンピュータに入力するための装置である．代表的な入力装置として，**キーボード**と**マウス**がある．また，画像や写真などイメージデータの入力装置として，イメージスキャナやディジタルカメラなどがある．

　キーボードは文字や数字を入力する装置である．マウスはモニタ画面上の座標を入力する装置であり，**ポインティングデバイス**ともいわれる．図 5.17 に示すように，ノート型 PC についている**トラックパッド（タッチパッド）**もポインティングデバイスである．

図 5.17　ノート型 PC のトラックパッド
（提供：富士通株式会社）

イメージスキャナは写真，書かれた文字，図等を画像データとして読み取る入力装置である．ディジタルカメラでは写真を撮影し，それをコンピュータに入力することができる．イメージスキャナやディジタルカメラでは画像を光で捉え，それを電気信号に変換する **CCD**（charge coupled device）センサや **CMOS**（complementary metal oxide semiconductor）センサといわれる撮像素子が使われている．

5.4.2 出力装置

出力装置はコンピュータで処理した結果を人間がわかるように出力するための装置である。代表的な出力装置としてディスプレイやプリンタがある。

〔1〕ディスプレイ　ディスプレイにはいろいろな種類があるが，液晶ディスプレイと有機 EL ディスプレイが主流である。

液晶ディスプレイの仕組みを図 5.18 に示す。液晶は液体と結晶の二つの性質を有する物質であり，電圧をかけることにより光を透過させるか否か制御できる。液晶そのものは発光しないので，液晶の背面に光を発するバックライトが必要である。液晶を電極ではさみ，液晶の面を小さな単位で電圧をかけたりかけなかったり制御することで，液晶の裏側に設けられたバックライトからの光を透過させたりさせなかったりして液晶面に画像を表示する。バックライトには LED（light emitting diode）などが使われる。

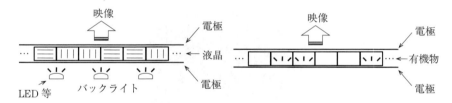

図 5.18　液晶ディスプレイの仕組み　　図 5.19　有機 EL ディスプレイの仕組み

有機 EL ディスプレイの仕組みを図 5.19 に示す。有機 EL ディスプレイは電圧をかけると発光する有機物を利用する。有機物を電極ではさみ，有機物の面を小さな単位で電圧をかけたりかけなかったり制御することで，有機物が発光しているか否かにより有機物の面に画像を表示する。有機 EL ディスプレイは自ら発光するためバックライトは不要である。

〔2〕プリンタ　プリンタにもいろいろな種類があるが，インクジェットプリンタとレーザプリンタが主流である。

インクジェットプリンタの仕組みを図 5.20 に示す。インクジェットプリンタでは，インクカートリッジからプリントヘッドにインクが供給され，プリントヘッドから微細なインクの粒子を噴き出し，この粒子を紙に当てることによ

5.5 入出力インタフェース　　55

図 5.20　インクジェットプリンタの仕組み　　**図 5.21**　レーザプリンタの仕組み

り印刷する。図 5.20 では，プリントヘッドは左から右に移動して紙に印刷する様子を示している。インクヘッドが右端に達すると，左端に戻し，紙送りをして同じように印刷する。この動作を複数回繰り返すことにより 1 ページの印刷が完了する。

レーザプリンタの仕組みを**図 5.21** に示す。レーザプリンタは，レーザ光を感光ドラムに当てて帯電させ，そこにトナー（粉末状の顔料）を付着させる。感光ドラムに付着したトナーを熱と圧力で紙に転写して印刷する。

そのほかのプリンタとして，ドットインパクトプリンタやサーマルプリンタがある。**ドットインパクトプリンタ**はピンを縦横に並べた印字ヘッドをインクリボンに叩きつけて印刷する。複写が必要な伝票などの印刷に使われる。**サーマルプリンタ**は熱を加えると変色する感光紙に，熱した印字ヘッドを押しつけて印刷する。小型化が容易であることから宅配員や車掌などが使う事務用の携帯端末に組み込んで使われることが多い。

5.5　入出力インタフェース

5.5.1　入出力インタフェースの種類と特徴

入出力インタフェースとは，コンピュータと入出力装置間でデータをやりとりするための取り決めである。入出力インタフェースには，物理的にケーブルで接続し，ケーブルを通してデータをやり取りする有線方式と，データのやり取りに電波や光を用いる無線方式がある。代表的な入出力インタフェースの特徴を**表 5.2** に示す。有線方式の代表的な入出力インタフェースとして，USB，

表5.2 入出力インタフェースの特徴

方式	インタフェース名	特徴
有線方式	USB	・接続対象：パソコンとキーボード，マウス，プリンタ，ハードディスク，光ディスク等 ・最大データ転送速度：5 Gbps ・接続台数：最大 127 台
	IEEE 1394	・接続対象：パソコンとハードディスク，光ディスク等 ・最大データ転送速度：3.2 Gbps ・接続台数：最大 63 台
	シリアル ATA	・接続対象：パソコンと内蔵の磁気ディスク装置や光ディスク装置 ・最大データ転送速度：6 Gbps ・接続台数：1 台
	HDMI	・接続対象：パソコンとディスプレイ ・1 本のケーブルで映像，音声，制御信号を送受信可能
無線方式	IrDA	・接続対象：パソコンと周辺機器，スマートフォンや携帯電話間 ・通信手段：赤外線
	Bluetooth	・接続対象：パソコンと周辺機器，スマートフォンや携帯電話間 ・通信手段：無線

IEEE 1394，シリアル ATA，HDMI 等がある。

USB はコンピュータとキーボード，マウス，プリンタ，補助記憶装置等を接続するために幅広く使われている入出力インタフェースである。低速な装置から高速な装置まで接続することができる。最初に規格化された USB1.1 の転送モードは 1.5 Mbps と 12 Mbps の二つであった。キーボードやマウスは 1.5 Mbps，プリンタやハードディスク，光ディスクは 12 Mbps を用いていた。その後，高速データ転送に対する要求に対応するため，USB2.0 で 480 Mbps，USB3.0 で 5 Gbps の転送モードが追加された。USB ハブを使うことにより，ツリー状に，最大 127 台まで接続することができる。USB ハブは USB 端子を増やすための機器であり，パソコン側と接続するための USB 端子を 1 個，入出力装置などを接続するための USB 端子を複数個備えている。

IEEE 1394（アイトリプルイー 1394）は高速な入出力装置や補助記憶装置を接続するために使用される。最初に規格化された IEEE 1394 の最大データ

転送速度は 100 Mbps であったが，その後拡張されて，現在は 3.2 Gbps まで高速化されている。最大 63 台の装置を，ディジーチェイン（数珠つなぎ）接続またはツリー接続することができる。

シリアル ATA（エイタ）は，パソコンに内蔵されたハードディスや光ディスク装置を接続するためのインタフェースである。最大データ転送速度は 6 Gbps である。

HDMI（high-definition multimedia interface）は，パソコンとディスプレイを接続する入出力インタフェースである。1 本のケーブルで映像，音声，制御信号を送受信できる。

無線方式の代表的な入出力インタフェースとして，IrDA，Bluetooth がある。**IrDA**（infrared data association）は赤外線を利用した近距離通信の入出力インタフェースである。赤外線を利用するため，光をさえぎる遮蔽物（しゃへい）があると通信できない。パソコンと周辺機器，スマートフォンや携帯電話間のデータ通信に利用される。

Bluetooth は，電波を利用した近距離通信のインタフェースである。電波を利用するため，遮蔽物があっても通信できる。IrDA と同じように，パソコンと周辺機器，スマートフォンや携帯電話間のデータ通信に利用される。

5.5.2 入出力インタフェースの機能

コンピュータと入出力装置を接続する代表的な入出力インタフェースである USB では，データのやり取りのほかに，入出力装置を接続して使ううえで有用な機能として，プラグアンドプレイ，ホットプラグ，バスパワーの機能を持っている。

プラグアンドプレイとは，入出力装置を接続するとオペレーティグシステムが自動的に入出力装置を認識し，それを使用するために必要な各種の設定を行うことである。**ホットプラグ**とは，コンピュータの電源を入れたまま，入出力装置の接続が行えることである。**バスパワー**とは，入出力インタフェースのケーブルを介して，コンピュータから入出力装置に電源を供給することである。これらの機能は IEEE 1394 でも実現されている。

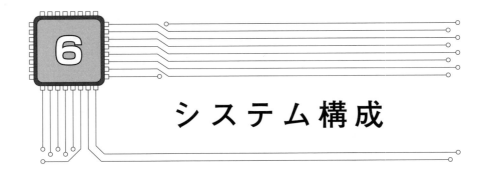

システム構成

6.1 処理形態

　情報処理システムを処理形態から分類すると，1台のコンピュータですべての処理を集中して行う集中処理と複数のコンピュータで処理を分散して行う分散処理に分けることができる。また，分散処理の一形態としてクライアントサーバシステムがある。

6.1.1 集中処理
　集中処理とは，1台のコンピュータ（これを**ホストコンピュータ**という）にすべてのデータを集め，集中して処理する形態である。集中処理の構成例を**図6.1**に示す。ホストコンピュータには通信回線で複数の端末が接続され，遠隔

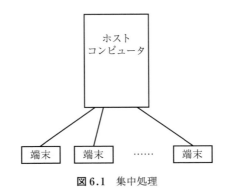

図 6.1　集中処理

の端末からホストコンピュータを利用する。

1980年代ごろまではホストコンピュータにメインフレームを適用した集中処理が主流であった。当時，メインフレームの性能は価格の2乗に比例する (**グロッシュの法則**) といわれており，性能の低いメインフレームを複数用いて分散処理するより，性能の高いメインフレームを用いて集中処理するほうが有利であった。しかし，1990年代になると，半導体技術の向上によりマイクロプロセッサの性能が向上し，それを用いたサーバが使用できるようになった。サーバはメインフレームに比べて安価であり，サーバを複数用いてシステムを構築するほうが有利になってきた。このため，それ以降，サーバを用いた分散処理が主流になってきた。この流れは**ダウンサイジング**といわれる。

集中処理ではホストコンピュータ1台でデータが集中管理されるため，データの管理や一貫性の保持が容易である。また，ホストコンピュータが1台であるため，セキュリティの確保や運転・保守が容易である。一方，1台のホストコンピュータが障害になるとすべての処理が中断される。また，扱うデータ量の増加や処理量の増加により，使用中のホストコンピュータで対応できなくなると，より高性能なホストコンピュータに置き換える必要がある。

6.1.2 分散処理

分散処理とは，複数のコンピュータにデータを分散して配備し，それぞれのコンピュータで分散して処理する形態である。分散処理の構成例を**図6.2**に示す。処理を行うコンピュータはサーバといわれる。サーバと端末は**ローカルエリアネットワーク**（local area network, **LAN**：オフィスや工場内の同じ建物にあるコンピュータや端末，通信機器を接続するネットワーク）や**ワイドエリアネットワーク**（wide area network, **WAN**：地理的に離れた場所間を接続するネットワーク）で接続され，端末からサーバを利用する。企業などの情報システムの多くは，複数のサーバを用いて分散処理する形態が多い。

分散の方式としては，メールサーバ，Webサーバ，ファイルサーバ等，役割に応じて分散する方式（**機能分散**）や同じ役割を複数のサーバで分散する方

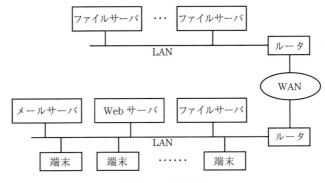

図 6.2　分散処理

式（**負荷分散**）および機能分散と負荷分散の両方で分散する複合形態がある。

　分散処理では，1台のサーバが障害になり，そのサーバが行っていた処理が停止しても，ほかのサーバが行っていた処理は影響を受けにくい。また，障害になったサーバの処理をほかのサーバで引き継いで行うことも可能である。このため，分散処理は障害に強いといえる。また，データ量の増加や処理量の増加に対しては，いままでのサーバはそのままで，新たにサーバを追加することにより対応できる。一方，データが複数のサーバに分散されているため，データの管理や一貫性の保持が難しい。また，サーバの台数が多く，複数個所に設置されることがあるため，セキュリティの確保や運用・保守が難しい。

6.1.3　クライアントサーバシステム

　クライアントサーバシステムとは，サービスを受けるクライアントと，サービスを提供するサーバがネットワークで接続された，分散処理システムである。一般にクライアントサーバシステムでは，1台のサーバに多数のクライアントが接続される。クライアントサーバシステムの構成を**図 6.3**に示す。

　クライアントサーバシステムでの情報処理を，プレゼンテーション層，アプリケーション層，データ層に分けて実現する方法がとられる。これを**3層クライアントサーバシステム**という。3層クライアントサーバシステムの構成を図

6.2 利用形態（リアルタイム処理，バッチ処理，対話型処理）

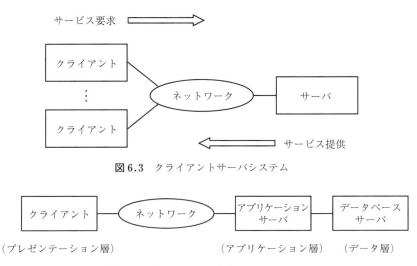

図 6.3 クライアントサーバシステム

図 6.4 3層クライアントサーバシステム

6.4に示す。**プレゼンテーション層**は画面の入出力などユーザインタフェース（10章参照）を司る部分で，クライアント側のWebブラウザで実現される場合が多い。**アプリケーション層**では業務処理を行い，**データ層**では業務で扱うデータの管理やアクセス制御を行う。アプリケーション層やデータ層の処理はサーバで行われる。

6.2 利用形態（リアルタイム処理，バッチ処理，対話型処理）

情報処理システムを，処理を行うタイミングにより分類するとリアルタイム処理とバッチ処理に分類できる。また，利用者がコンピュータと情報をやり取り（対話）しながら利用する形態は対話型処理といわれる。

〔1〕 **リアルタイム処理**　　リアルタイム処理の流れを**図 6.5**に示す。リアルタイム処理は，データが発生して処理要求が出ると即座に処理を実行する方式である。電車や飛行機の**座席予約システム**，銀行の**バンキングシステム**な

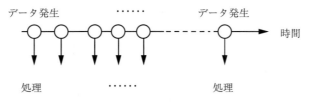

図 6.5 リアルタイム処理

どではリアルタイム処理が行われる。これらのシステムは、データが発生する端末と処理を行うホストコンピュータが通信回線で接続されているため、**オンラインリアルタイム処理**といわれる。

〔2〕 **バッチ処理**　バッチ処理の流れを**図 6.6**に示す。バッチ処理は、発生したデータを一定量または一定期間集め、それをまとめて処理する方式である。企業の給料計算や売上データの集計など、大量のデータを一括して処理する場合に適用される。

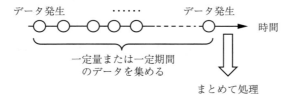

図 6.6 バッチ処理

〔3〕 **対話型処理**　対話型処理は利用者とコンピュータが対話しながら処理を進めていく方式である。例えば、銀行の**ATM**（automated teller machine）でお金を引き出す場合、カードの挿入、暗証番号の入力、引出し額の入力等を、利用者とコンピュータが画面を通してやり取りしながら進めていく。このような処理が対話型処理である。銀行のバンキングシステムは、先で述べたようにリアルタイム処理であり、かつ対話型処理といえる。

6.3 情報処理システムの構成

6.3.1 システムの冗長構成

情報処理システムを信頼性の面から分類すると，予備の装置を用意するか否かで分類することができる。予備を持たない一系統の単純なシステムは**シンプレックスシステム**といわれる。信頼性を高めるため予備の装置を有するシステムは**冗長構成**といわれる。代表的な冗長構成としてデュアルシステム，デュプレックスシステム，クラスタシステムがある。

〔1〕 **デュアルシステム**　デュアルシステムの構成を**図 6.7**に示す。デュアルシステムでは，システムを二系統用意して同じ処理を同時に行わせ，結果を照合しながら処理を行う。どちらか一方が故障した場合には，正常なほうが処理を継続するため，サービスが中断することはなく，高い信頼性が確保できる。

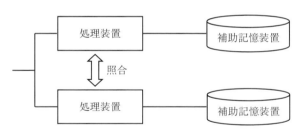

図 6.7　デュアルシステム

〔2〕 **デュプレックスシステム**　デュプレックスシステムの構成を**図 6.8**に示す。デュプレックスシステムは，システムを二系統用意し，通常は一系統（現用系）で処理を行い，別の一系統（待機系）は障害に備えて待機させておく方式である。現用系が故障した場合は，待機系が現用系になり処理を引き継ぐ。

デュプレックスシステムは，待機系の扱いで，ホットスタンバイとコールドスタンバイに分けることができる。**ホットスタンバイ**では，待機系を現用系と

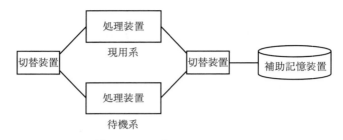

図 6.8 デュプレックスシステム

同じ状態で待機させておき，現用系で障害が発生すると即座に待機系に切り替える。一方，**コールドスタンバイ**では，待機系は停止させておくか別の処理を行わせておき，現用系で障害が発生すると，待機系を現用系と同じ状態にしてから切り替える。このためホットスタンバイに比べて，切替えに時間がかかる。

〔3〕 **クラスタシステム**　クラスタシステムの構成を**図 6.9**に示す。クラスタステムは，複数のコンピュータをネットワークで接続して連携させ，全体を1台の高性能コンピュータであるかのように利用するシステムである。連携しているコンピュータのどれかに故障が発生しても，ほかのコンピュータが，障害になったコンピュータの処理を引き受け，システム全体としては支障がないように処理する。

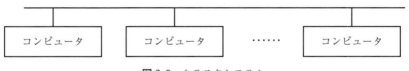

図 6.9 クラスタシステム

6.3.2 クラウドコンピューティング

自社で情報処理システムを構築する場合，サーバやソフトウェアを自ら用意する必要がある。また，構築した情報システムを運用・保守するためには多くの手間がかかる。そこで，情報処理システムの構築や運用・保守の手間を軽減するために考えられたシステム構築の一つの方法が**クラウドコンピューティング**である。

クラウドコンピューティングではインターネットを介して，サーバやソフトウェアをサービスとして利用する。クラウドコンピューティングのサービスの提供者は大規模なデータセンターに多数のサーバを用意し，インターネットを介してソフトウェアを利用できるようなシステムを構築する。

サービスの利用者は，ユーザ登録を済ませると，インターネットを介してあらかじめ用意されたソフトウェアを利用することができる。また，自ら作成したソフトウェアをサーバにインストールして動作させることもできる。

6.4 情報処理システムの信頼性

6.4.1 信頼性の指標

情報処理システムも一般の機械と同じように故障する。その場合は，修理して正常に動作するようにする。情報処理システムの運転状況を観察すると，**図 6.10** に示すように正常に稼働している時間と修理している時間が繰り返し現れる。信頼性の指標として平均故障間隔，平均修復時間，稼働率がある。また，コンピュータの信頼性を評価する基準として RASIS といわれるものがある。

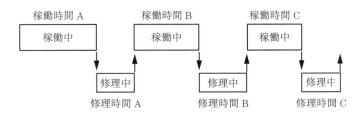

図 6.10　情報処理システムの運転状況

〔1〕 **平均故障間隔（MTBF）**　システムが正常に稼働している時間，すなわち故障から回復して稼働中の状態になり，つぎに故障するまでの時間の平均を平均故障間隔（mean time between failure，MTBF）という。図 6.10 の例では，MTBF は次式で表せる。

$$\mathrm{MTBF} = \frac{\text{稼働時間A} + \text{稼働時間B} + \text{稼働時間C}}{3}$$

〔2〕 **平均修復時間（MTTR）** システムの修理に要した時間の平均を平均修復時間 (mean time to repair, MTTR) という。図6.10の例では，MTTRは次式で表せる。

$$\text{MTTR} = \frac{\text{修理時間A} + \text{修理時間B} + \text{修理時間C}}{3}$$

〔3〕 **稼 働 率** システムが正常に稼働している時間の割合を稼働率という。稼働率は MTBF と MTTR を用いてつぎのように表せる。

$$\text{稼働率} = \frac{\text{MTBF}}{\text{MTBF} + \text{MTTR}}$$

〔4〕 **RASIS** 信頼性の評価基準として Reliability, Availability, Serviceability, Integrity, Security が用いられる。これらの頭文字をとって RASIS といわれる。Reliability（信頼性）は正常に動作し続けることを示す基準であり，MTBF が大きいシステムほど Reliability は高い。Availability（可用性）はいつでも使用できることを示す基準であり，稼働率が大きいシステムほど Availability は高い。Serviceability（保守性）は障害からの復旧が容易であることを示す基準であり，MTTR が小さいシステムほど Serviceability は高い。Integrity（完全性）はデータが正常に保たれていることを示す基準である。Security（機密性）は不正アクセスに対しデータが保護されていることを示す基準である。

6.4.2 情報処理システムの稼働率

情報処理システムは複数の装置を組み合わせて構築される。組合せの方法として直列システムと並列システムがある。それぞれについて，装置を組み合わせた場合の稼働率がどのようになるか説明する。

〔1〕 **直列システム** 直列システムを図6.11に示す。直列システムとは，すべての装置が稼働しているときだけシステム全体が稼働し，少なくとも一つの装置が故障するとシステム全体が停止するシステムのことである。直列システムの稼働率はつぎのように表せる。

$$\text{直列システムの稼働率} = \text{稼働率}\,a \times \text{稼働率}\,b$$

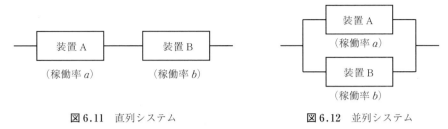

図 6.11 直列システム　　　　　　**図 6.12** 並列システム

〔2〕**並列システム**　並列システムを**図 6.12**に示す。並列システムとは，少なくとも一つの装置が稼働していればシステム全体が稼働し，すべての装置が故障したとき，システム全体が停止するシステムのことである。並列システムの稼働率はつぎのように表せる。

並列システムの稼働率 = 1 − (1 − 稼働率 a) × (1 − 稼働率 b)

6.4.3　信頼性設計

情報処理システムの信頼性設計とは，障害を事前に予防するために，あるいは障害が起こったときに，どのように対応するかを決めて設計を行うことである。対応方法としては，いろいろな考え方があるが，システムが行っているサービス内容や要求条件などを考慮して決める必要がある。代表的な信頼性設計の考え方として，フェールセーフ，フェールソフト，フールプルーフがある。

〔1〕**フェールセーフ**　システムに障害が発生した場合，安全性を最優先に設計する考え方である。例えば，踏切の遮断機を制御するシステムであれば，システム障害時に，遮断機が下りるように制御したり，道路の信号機を制御するシステムであれば，赤に点灯するように制御するなどはフェールセーフの考えに基づく設計である。

〔2〕**フェールソフト**　システムに障害が発生した場合，機能を絞ってでも，できるだけサービスを提供するように設計する考え方である。例えば，飛行機の運航を制御するシステムで，二つのエンジンのうち一つが故障した場合，正常な一つのエンジンで飛行を続けるように制御することはフェールソフトの考えに基づく設計である。

68   6. システム構成

〔3〕 **フールプルーフ**　利用者が誤った操作をしないようにしたり，誤った操作をした場合でもシステムが誤作動をしないように設計する考え方である。例えば，作成した文書を保存せずにパソコンをシャットダウンしようとしたら，是か否か問い合わせを行うように制御したり，電子レンジではドアを閉めないと加熱できないように制御するなどはフールプルーフの考えに基づく設計である。

6.5　データの信頼性

重要なデータを格納した磁気ディスク装置が故障し，データが失われると大変なことになる。これを防ぐための方法として，複数の磁気ディスク装置を用いてデータの信頼性を高める RAID 技術がある。また，重要なデータを定期的に別の媒体にバックアップする方法もある。

6.5.1　RAID

RAID（レイド）（redundant arrays of inexpensive disks）とは，複数の磁気ディスク装置を用いて，データを分散して書き込み，データの信頼性とアクセス性能の向上を図る技術である。RAID にはデータの書込み方法により，RAID 0，RAID 1，RAID 5 等がある。各 RAID のデータの書込み方法を**図 6.13** に示す。

図（a）に示す **RAID 0** はデータを細切れに分割して，それを複数の磁気

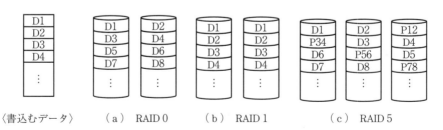

（備考）Pij：Di と Dj から生成したパリティ

図 6.13　RAID の書込み方法

ディスク装置に分散して書き込む方法である。分割したデータを分散して書き込むことを**ストライピング**という。データを読み込むときは，複数の磁気ディスク装置から並行して読み込むことができるためアクセス性能が向上する。データを重複して書き込むことはしないので，データの信頼性は向上しない。

図（b）に示す **RAID 1** は2台の磁気ディスク装置に同じデータを重複して書き込む方法であり，**ミラーリング**といわれる。1台の磁気ディスク装置が障害になっても，別の正常な磁気ディスク装置からデータを読み出せるので，データの信頼性は高い。しかし，データを重複して書き込むため，磁気ディスク装置の記憶容量が見かけ上半分になる。より高い信頼性が要求される場合は，3台以上の磁気ディスク装置にデータを重複して書くこともある。

図（c）に示す **RAID 5** は複数台の磁気ディスク装置に，分割したデータとそのパリティを分散して書き込む方法である。ここで，パリティとはデータの一部が失われた場合に，それを復元するためのデータである。RAID 5 はパリティを書き込むことにより，データの信頼性が向上するとともに，分割したデータを複数の磁気ディスク装置に分散して書き込むため，アクセス性能の向上も図れる。

6.5.2 バックアップ

バックアップとは，重要なデータを守るため，定期的に別の媒体にデータのコピーをとることである。バックアップ方式として，フルバックアップ方式，差分バックアップ方式，増分バックアップ方式がある。

フルバックアップ方式は，毎回すべてのデータをバックアップする方式である。**差分バックアップ方式**は，最初にフルバックアップをとった後，それ以降は変更されたデータ（差分データ）のみをバックアップする方式である。**増分バックアップ方式**は，最初にフルバックアップをとった後，前回のバックアップから変更されたデータ（増分データ）のみをバックアップする方式である。

各バックアップ方式を**図 6.14** に示す。図 6.14 ではバックアップを T1，T2，T3 の時間にとるものとして，上段に各時間での磁気ディスク装置の内容

70　　　6. システム構成

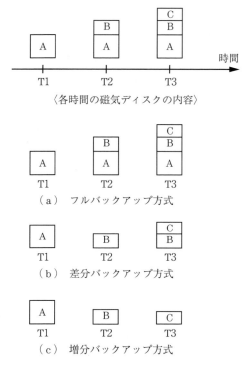

図 6.14　バックアップ方式とバックアップの内容

を示している。図 (a) のフルバックアップ方式では，T1, T2, T3 の各時間に磁気ディスク装置の内容すべてがバックアップされる。図 (b) の差分バックアップ方式では，T1 でフルバックアップをとり，T2, T3 では，T1 からの変更分のみがバックアップされる。図 (c) の増分バックアップ方式では，T1 でフルバックアップをとり，T2 では T1 からの変更分のみ，T3 では T2 からの変更分のみをバックアップする。

　バックアップに要する時間は，T1 では 3 方式で差はないが，T2 では増分バックアップ方式と差分バック方式がフルバック方式より短い。T3 ではフルバックアップ方式，差分バックアップ方式，増分バックアップ方式の順に短くなる。

　磁気ディスク装置が障害になり，データが失われた場合，バックアップを用

いて障害前のデータを復旧することを**リストア**という。リストアの方法はバックアップ方式により異なる。

バックアップ方式とリストアの方法を**図6.15**に示す。図6.15では，図6.14の流れで時間T3の後に障害が発生し，T3時点の磁気ディスク装置の内容を復元する方法を示している。フルバックアップ方式の場合は，T3でとったフルバックアップのデータを用いてリストアする。差分バックアップ方式の場合は，T1でとったフルバックアップのデータにT3でとった差分バックのデータを用いてリストアする。増分バックアップ方式の場合は，T1でとったフルバックアップのデータに，T2，T3でとった増分バックアップのデータを用いてリストアする。リストアに要する時間は，フルバックアップ方式，差分バックアップ方式，増分バックアップ方式の順に長くなる。

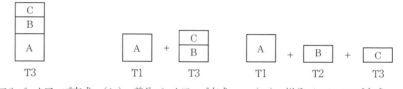

（a）フルバックアップ方式　（b）差分バックアップ方式　（c）増分バックアップ方式

図6.15　バックアップ方式とリストアの方法

6.6　システム性能

情報処理システムを設計する場合，単位時間当りの処理件数や，問い合わせをかけてから応答が返ってくるまでの時間は非常に重要な要素である。要望に合ったシステムを構築するためには，システム性能を測るための指標が必要である。以下，よく使われるシステム性能の指標について説明する。また，システム性能を評価するためのベンチマークテストについても説明する。

〔1〕**スループット**　　スループットとは単位時間当りに処理される仕事量のことである。例えば，銀行のバンキングシステムの場合，1時間当りに処理できるトランザクション数がスループットである。トランザクションについて

は，12.7節で詳しく説明する。

〔2〕 **レスポンスタイム**　レスポンスタイムとは利用者が処理要求を出してから，コンピュータで処理し，結果が表示され始めるまでの時間である。

〔3〕 **ターンアラウンドタイム**　ターンアラウンドタイムとは利用者が処理要求を入力し始めてから，コンピュータで処理し，その結果のすべてが利用者の端末に表示し終わるまでの時間である。レスポンスタイムとターンアラウンドタイムがとる時間の範囲を**図6.16**に示す。

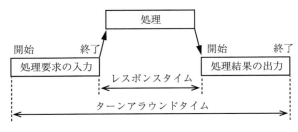

図6.16　レスポンスタイムとターンアラウンドタイム

〔4〕 **ベンチマークテスト**　ベンチマークテストとはあらかじめ作成されたプログラムを実際のシステム上で動作させ，その実行時間を計測して，システム性能を評価するものである。CPUの性能を評価するSPECやオンラインリアルタイム処理の性能を評価するTPCなどが有名である。

6.7　情報処理システムの経済性

　情報処理システムの経済性を評価するためには導入にかかる初期コストだけでなく，運用・保守にかかるコスト，利用者の教育にかかるコストについても考える必要がある。システムの導入までにかかる初期コストや，運用・保守コスト，教育にかかるコスト，さらに最後の破棄コストまで含めた総コストのことを **TCO**（total cost of ownership）という。TCOはシステムの構築開始から利用終了までのライフサイクルで生じるコストであり，**ライフサイクルコスト**といわれることもある。

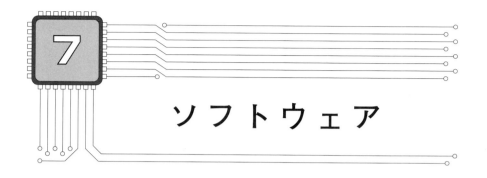

7 ソフトウェア

7.1 ソフトウェア

　前章まで，ハードウェア（コンピュータ本体とそれにつながる種々の装置）について解説してきた。しかし，ハードウェアだけでは，コンピュータ利用者がコンピュータで行わせたい処理を行うことはできない。ハードウェアをどのように動かすのかや，ユーザの望む処理をどのように行うのかなどの，コンピュータを動作させるための処理の手順と処理の対象となるデータが必要となる。これらの処理の手順とデータを**コンピュータソフトウェア**（普通は，単に**ソフトウェア**）と呼ぶ。

　コンピュータ"装置"として目に見えるハードウェアと異なり，ソフトウェアは，実体として目で見ることができない。目に見える"ハード"ウェアに対比する表現として，"ソフト"ウェアという言葉が使われる。

7.2 ソフトウェアの種類

　ソフトウェアは，**図 7.1** に示すように**システムソフトウェア**と**応用ソフトウェア**に分類される。コンピュータは，これらのソフトウェアとハードウェアとが一体になってユーザに機能を提供する（**図 7.2**）。

74   7. ソフトウェア

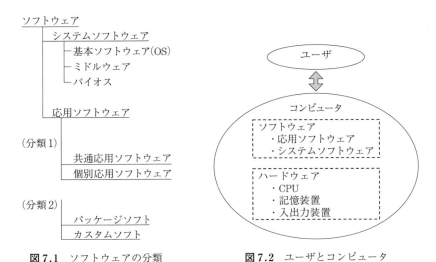

図7.1　ソフトウェアの分類　　　　図7.2　ユーザとコンピュータ

7.2.1　システムソフトウェア

　システムソフトウェアはハードウェアの基本的な制御を行うソフトウェアであり，図7.1に示すように，基本ソフトウェア，ミドルウェア，バイオスに分類される。これらは，**図7.3**に示す関係でユーザとハードウェアの間に介在する。

〔1〕　**基本ソフトウェア**　　基本ソフトウェアはオペレーティングシステム（OS）とも呼ばれる。基本ソフトウェアは，つぎの二つの機能を持っている。オペレーティングシステムは8章で詳しく説明する。

- CPUや記憶装置などのハードウェアを制御し，利用者に対してユーザインタフェース（10章参照）というコンピュータの操作環境を提供する機能
- 後述の応用ソフトウェアに対してハードウェアが実行する基本機能をAPI（8.2節参照）を介して提供する機能

　ただし，CPUや記憶装置などのハードウェアを制御する機能部分に限って，オペレーティングシステムと呼ぶ場合もある。

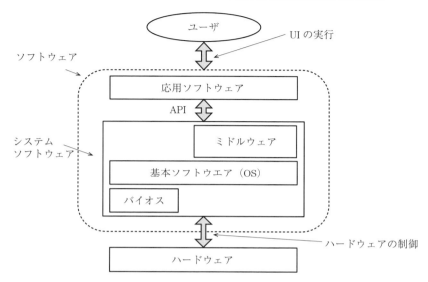

図7.3 ソフトウェアとユーザ，ハードウェアの関係

〔2〕 **ミドルウェア**　ミドルウェアとは，システムソフトウェアの中で，基本ソフトウェアと応用ソフトウェアの間に位置するソフトウェアである。応用ソフトウェアに対して基本ソフトウェアに含まれない高度な基本機能（印刷機能や画面出力機能など，応用ソフトウェアで多く使われる機能）を提供するソフトウェアである。

〔3〕 **バイオス（BIOS）**　コンピュータの電源スイッチをONにしたときに，最初に起動し，動作するソフトウェアをバイオス（basic input output system，BIOS）と呼ぶ。

　バイオスはCPUと主記憶装置が搭載されているコンピュータ内部にある回路基板（マザーボード）上のフラッシュメモリに記録，格納されている。バイオスはコンピュータとコンピュータに接続されている各種装置の初期化を行い，基本ソフトウェア（OS）が動作可能な状態にする。

　基本ソフトウェア（OS）が動作することで応用ソフトウェアの実行をはじめとする各種処理が実行可能な状態になる。

7.2.2 応用ソフトウェア

システムソフトウェアがコンピュータのハードウェアの制御を行うソフトウェアなのに対し，応用ソフトウェアはユーザがコンピュータを使って行いたい作業を実行するソフトウェアである。**アプリケーションソフトウェア**とも呼ばれる。

応用ソフトウェアは，利用形態や入手方法などの違いでさまざまに分類される。分類方法として，図7.1にはつぎの二つの分類形態を示している。

分類 1) 共通応用ソフトウェアと個別応用ソフトウェア

分類 2) パッケージソフトとカスタムソフト

これらの分類法，内容については9章で詳述する。

7.3 オープンソース

ソースコード（13.1.2項参照）を無償で公開し，誰でもそのソフトウェアの改良，別の場所，人，組織への再配布が行える仕組み，またはそのようなソフトウェアを**オープンソース**と呼ぶ。

一般にソフトウェアの開発者は，自分の開発したソフトウェアの類似品が作られたり，ソフトウェアで利用されている技術が無断で使われたりしないように，ソフトウェアのソースコードは明らかにせず，他人が使うときにはライセンス料と呼ばれる対価を求めることが多い。

これに対し，オープンソースは，一般のソフトウェアと異なり

- ソースコードが公開されている
- ソフトウェアに使われているアイディアや技術が明らかにされている
- ソースコードの変更など，ソフトウェアの改良が自由に行える
- 利用目的に関係なく，だれでも自由に使うことができる

等の特徴を持ったソフトウェアである。

どのようなソフトウェアがオープンソースであるか，オープンソースの理念を推進する **OSI**（Open Source Initiative）という団体が上記の四つの内容を含

む 10 個の条件を定義して文書化している。

　オープンソースには，OS などの基本ソフトウェアから応用ソフトウェアまでの多種のソフトウェアがある。よく利用されているオープンソースには以下のようなソフトウェアがある。

- Linux，Solaris（OS）
- Apache（Web サーバ）
- Perl，Ruby（プログラミング言語）
- MySQL，PostgreSQL（データベース）
- FireFox（Web ブラウザ）
- Thunderbird（メールクライアントソフトウェア）
- OpenOffice（ワードプロセッサ，表計算，プレゼンテーション等を含む統合ビジネスソフト）

　このように，OS などの基本ソフトウェアから応用ソフトウェアまでの各種ソフトウェアがある。

オペレーティングシステム

8.1 オペレーティングシステムとは？

オペレーティングシステム（operating system，**OS**）とは，ユーザがコンピュータを利用するための基本機能を提供する基本ソフトウェアである。オペレーティングシステムには，つぎの五つの機能がある。

1) 応用ソフトウェアに代わってハードウェアを制御
2) 利用者が行いたい処理を管理
3) CPU が行う処理を管理
4) プログラム，データ等の情報を主記憶，補助記憶上のどこの記憶領域に割り当てるかを管理
5) データの管理

コンピュータにオペレーティングシステムがないとつぎのような処理をすべて応用プログラムで作成しなければならなくなる。

- 補助記憶装置のどこにプログラムやデータがあるのか
- 主記憶装置のどこにプログラムやデータを置けばよいのか
- プログラムをいつどのような順番で実行処理すればよいのか
- 処理結果をディスプレイ画面に表示するときや，プリンタを使って印刷するとき，ディスプレイやプリンタをどう制御するのか

これらの処理を応用プログラムで対応しようとすると，使用するコンピュータやコンピュータに接続されている各種の機器にすべて対応した応用プログラムを

8.2 API

オペレーティングシステムの最も基本となる機能は，応用ソフトウェアの各種処理機能に必要となるハードウェアの動作を実現するために，応用ソフトウェアに代わってハードウェアを制御する機能である。応用ソフトウェアからオペレーティングシステムのハードウェア制御機能を利用するための規約を **API**（application programming interface）という。

ハードウェアの制御は，個々のハードウェアに対応したAPIを通じて応用ソフトウェアから利用できる。API機能を使ったオペレーティングシステムによるハードウェア制御の例につぎのようなものがある。

例1）キーボードから入力した文字を読み取り，画面に文字を表示する。
例2）応用ソフトウェアで必要なデータを外部記憶（ハードディスクなど）から読み込み，処理した結果を書き込む。

応用ソフトウェアを開発するときには，必要となるハードウェア制御機能をすべて作成する必要はなく，APIに従ってハードウェア機能を呼び出す処理だけを作成すれば，ハードウェアの機能を利用した応用ソフトウェアを作成することができる。

8.3 ジョブ管理

ジョブはコンピュータが行う処理を利用者の立場（利用者が行いたい作業内容）からみた処理単位のことである。オペレーティングシステムのジョブの管理機能として，コンピュータ利用者の管理（使う権限の有無や利用者ごとの記憶装置の割り当てなど），ジョブの実行・停止，複数ジョブの実行順序・実行のタイミングの管理等の機能がある。

ジョブとタスクの流れを**図8.1**に示す。ユーザが作成したプログラム1と

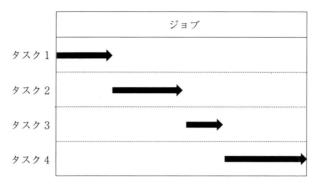

図 8.1 ジョブとタスク

プログラム 2 をそれぞれコンピュータが処理できる形式に変換し，変換された二つを結合して実行させる処理を一つのジョブとして説明する．ユーザからは，プログラム 1 とプログラム 2 をコンピュータが処理できる形式に変換し，結合して実行という，一連の一つの処理として扱われるが，コンピュータ内ではこのジョブは

- プログラム 1 をコンピュータが処理できる形式に変換する → タスク 1
- プログラム 2 をコンピュータが処理できる形式に変換する → タスク 2
- プログラム 1 とプログラム 2 の二つの変換結果を結合する → タスク 3
- 結合された結果をコンピュータで実行処理 → タスク 4

の四つのタスクから構成されている．ここで，**タスク**はコンピュータ（CPU）が行う処理の単位として使われる．タスクはプロセスと呼ばれることもある．

8.4 タスク管理

オペレーティングシステムのタスク管理機能には，タスクの実行・停止，複数のタスクの同時実行の管理などがある．オペレーティングシステムがタスクの処理を効率的に行うタスク管理機能としてマルチタスク，マルチスレッドがある．

8.4.1 マルチタスク

CPU は同時に一つのタスクしか実行できない。しかし，個々のタスクは高速に短時間で処理することができる。そのため，図 8.2 に示すように一つのタスクに対する CPU の処理時間を非常に短い単位に分割し，複数のタスクに処理時間を順番に割り当てて処理を行えば，複数のタスクの処理を同時に行うのと同じ効果が得られる。この処理方式を**マルチタスク**と呼ぶ。マルチタスクが可能なオペレーティングシステムをマルチタスク OS と呼ぶ。

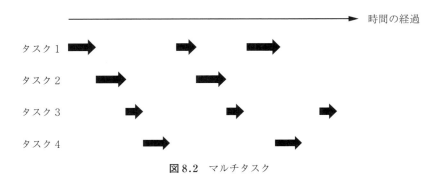

図 8.2 マルチタスク

8.4.2 マルチスレッド

一つのタスクの中で，並列処理可能な処理単位を**スレッド**と呼ぶ。プログラムが複数のスレッドから構成されている構造を**マルチスレッド**と呼び，図 8.3

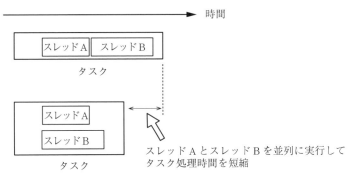

図 8.3 マルチスレッド

に例を示す。マルチスレッドのプログラムでは，CPUがマルチコア（5.2.3項参照）であれば，複数のコアにスレッドを振り分けて実行処理が行われるので，処理の高速化が実現される。図8.3に示す例では，タスクの中の二つのスレッドA，Bが並列処理可能なため，スレッドAとスレッドBを並列処理することでタスク全体の処理時間が短縮されている。

8.5 主記憶管理

8.5.1 主記憶管理機能

コンピュータがプログラムを実行するときには，必要となるプログラムやデータを，補助記憶装置から主記憶装置に読み込んで実行処理を行う。オペレーティングシステムは，プログラムやデータなどの情報を，主記憶装置と補助記憶装置上のどこの記憶領域に割り当てるかを管理する。

例えば，ワードプロセッサと表計算ソフトを起動し，主記憶装置上にそれぞれの処理領域を割り当てて実行処理を行い，実行処理後ワードプロセッサで作成した文書をハードディスク中のある記憶領域に格納し，その後，表計算ソフトで求めた計算結果を格納するなどの処理を行う。こういった処理がオペレーティングシステムの主記憶管理機能で実現される。

8.5.2 仮想記憶

限られた主記憶装置の容量で，主記憶装置より大きなプログラムを実行させるための主記憶管理の方式が，**図8.4**に示す**仮想記憶**と呼ばれる方式である。

プログラムやデータは，主記憶装置として実在する物理メモリと，補助記憶装置上の仮想記憶とに置かれる。仮想記憶方式では，補助記憶装置上に仮想的なアドレスで仮想的な記憶領域を割り当てて，主記憶装置（物理メモリ）の一部として扱うことができる。

処理しようとするプログラムが，図8.4に示すようにプログラムA（A1，A2，A3），プログラムB（B1，B2），プログラムC（C1，C2，C3），…から構

8.5 主記憶管理

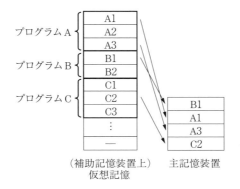

図 8.4 仮想記憶

成されるとき，主記憶装置には主記憶装置の記憶容量以下の使用中のプログラムが置かれる。図 8.4 ではプログラム A，プログラム B，プログラム C の内の一部 A1，A3，B1，C2 だけが，使用される順（B1，A1，A3，C2）に主記憶装置に置かれている。使用されていない（主記憶装置に入りきらない）プログラムは補助記憶装置に置かれ，必要に応じて主記憶装置へ読み込まれる。「A1，A3，B1，C2」と「A2，B2，C1，C3」は異なる記憶装置に置かれているが，記憶場所は仮想記憶上の記憶場所（仮想アドレス）で表現される。

実際にプログラムやデータが主記憶装置か補助記憶装置のどこに置かれているかは，プログラムの作成者（プログラマ）は意識せずにプログラムを作成することができる。

仮想記憶方式には，主記憶装置と補助記憶装置とのプログラムやデータの入れ替え方法の違いで，**セグメント方式**と**ページング方式**の二つの方式がある。セグメント方式は，プログラムやデータを処理のまとまり単位で分割し，その単位で主記憶装置と補助記憶装置間でプログラムの入れ替えを行う方式である。入れ替えを行う単位をセグメントと呼び，その大きさは処理ごとに異なる値である。

ページング方式は，プログラムやデータをページと呼ばれる固定の大きさの単位で分割し，その単位で主記憶装置と補助記憶装置間でプログラムの入れ替えを行う方式である。

8.6 入出力管理

8.6.1 デバイスドライバ

CPU が処理しているプログラムから，コンピュータに接続された種々の装置へのデータの入出力要求があったときに，装置を制御して適切なタイミングで入出力処理を行う機能がオペレーティングシステムの**入出力管理機能**である。

オペレーティングシステムには，応用ソフトウェアからコンピュータに接続された種々の装置（周辺装置）を利用できるように**デバイスドライバ**という機能が組み込まれている。デバイスドライバは，応用ソフトウェアが補助記憶装置や入出力装置との間でデータを入出力するときに，オペレーティングシステムが提供する API と装置との間の対応を制御するプログラムである。

デバイスドライバという機能があることで，オペレーティングシステム自体に個々の周辺装置ごとに対応する機能を持たせなくとも，API を通して応用ソフトウェアに不特定多数のハードウェアを利用させることができる。

キーボード，マウス，USB メモリのように共通化が進んだ周辺装置では，あらかじめオペレーティングシステムに標準デバイスドライバが含まれているが，それ以外の周辺装置では，装置メーカがデバイスドライバをユーザに提供する。提供方法には，周辺装置に CD-ROM などの記憶媒体で添付する方法や，インターネットを通じて配布する方法などがある。

最近の PC 向けのオペレーティングシステムでは，周辺装置を PC に接続すると，デバイスドライバの組み込みを自動的に行う**プラグアンドプレイ**（plug and play，**PnP**）機能が組み込まれている。

8.6.2 入出力割込み

周辺装置の入出力処理は，CPU の処理速度に比べると非常に遅い。CPU が入出力処理の完了を待ってつぎの処理の実行を開始するのでは効率が悪い。その

ため，図 8.5 に示すように，あるタスク A の入出力処理が行われている間，CPU はほかの実行可能なタスク B の処理を行う。タスク A の入出力処理が終了すると，周辺装置から CPU に対して，入出力が完了したという通知を送る（**入出力割込み**）。CPU はこの通知を受けてタスク B の処理からタスク A の処理に戻す。

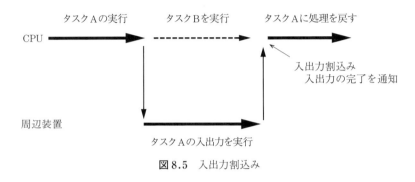

図 8.5　入出力割込み

8.7　ファイル管理

8.7.1　ファイルシステム

コンピュータで扱うプログラムやデータは，**ファイル**という単位で保存される。オペレーティングシステムがファイルを管理する機能を**ファイルシステム**と呼ぶ。ファイルシステムのおもな機能として，操作機能，属性管理機能，保護機能，分類機能等がある。

〔1〕**操作機能**　　コンピュータがプロセスを実行するとき，プログラムやデータを操作するための基本となる機能が操作機能である。ファイルの作成・削除機能，プロセスがファイルの使用を開始する（ファイルを開く）機能，ファイルの使用を終了する（ファイルを閉じる）機能等がある。

〔2〕**属性管理機能**　　ファイルを識別するために名前，サイズ，ファイルの利用者がだれか等の機能が属性管理機能である。

〔3〕 **保護機能** ユーザごとにファイルの読出し，書込み，編集等のアクセス制限機能を設定して，予期せぬアクセスでファイルの内容が変更されないようにする機能が保護機能である。

〔4〕 **分類機能** 多数のファイルが存在するときに，関連のあるファイルごとに分類して管理する機能が分類機能である。代表的な機能として，次項で説明するディレクトリがある。

8.7.2 ディレクトリ

ファイルシステムで，ファイルを意味あるまとまりごとに分類して格納する場所を**ディレクトリ**と呼ぶ。ディレクトリはフォルダと呼ばれることもある。

ディレクトリの中にさらにディレクトリを持たせてファイルを管理する仕組みを**階層型ディレクトリ**と呼び，その例を図 8.6 に示す。階層型ディレクトリの一番上位にくるディレクトリを**ルートディレクトリ**と呼ぶ。それ以外のディレクトリはルートディレクトリの下に作られる。現在使っているディレクトリは**カレントディレクトリ**と呼ぶ。

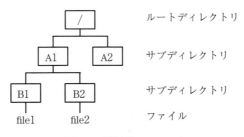

図 8.6 階層型ディレクトリ

ルートディレクトリ以外のディレクトリやファイルは必ずいずれかのディレクトリに属している。そのディレクトリまたはファイルの属しているディレクトリを親ディレクトリと呼ぶ。また，あるディレクトリの下に属しているディレクトリを**サブディレクトリ**（子ディレクトリ，孫ディレクトリ，…）と呼ぶ。

8.7 ファイル管理

ディレクトリやファイルはパス名を使って表すことができる。**図 8.7（a）**に示すように，ルートディレクトリを起点として目的のディレクトリやファイルへの経路を表すパス名を**絶対パス**と呼ぶ。図（a）に示す絶対パスでは，先頭の「/」記号がルートディレクトリを，先頭以外の「/」記号はディレクトリ名やファイル名の区切りを表す。ファイル file1 を絶対パスで表現すると /A1/B1/file1 と表される。

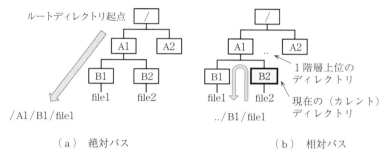

（a） 絶対パス　　　　　　　　　　（b） 相対パス

図 8.7　パ　ス

パス名の表し方で，図（b）に示されるように，カレントディレクトリを起点として目的のディレクトリやファイルへの経路を表すパス名を**相対パス**と呼ぶ。図（b）に示す相対パスでは，先頭の「..」記号は親ディレクトリを表し，先頭以外の「/」記号は絶対パスと同様にディレクトリ名やファイル名の区切りを表す。カレントディレクトリ B2 を起点とした相対パスでファイル file1 を表現すると ../B1/file1 と表される。

9 応用ソフトウェア

9.1 応用ソフトウェアの種類

　文書作成，数値計算，業務処理等，ユーザがコンピュータで行いたい特定の目的・業務を処理するために作られたソフトウェアを**応用ソフトウェア**または**アプリケーションソフトウェア**という。応用ソフトウェアは，利用分野の違いで，共通応用ソフトウェアと個別応用ソフトウェアに分類される。

9.1.1 共通応用ソフトウェアと個別応用ソフトウェア

　共通応用ソフトウェアと個別応用ソフトウェアのおもな利用分野を**表9.1**に示す。共通応用ソフトウェアは，以下の分野で利用されるソフトウェアである。

- おもに個人がPCなどの端末上で行う，仕事やコミュニケーションの手段，趣味，娯楽の分野

表9.1　応用ソフトウェアの利用分野

	おもな利用分野
共通応用ソフトウェア	・文書作成ソフト，表計算ソフト，プレゼンテーションソフト ・Webブラウザ，電子メール ・ゲーム等
個別応用ソフトウェア	・企業活動向けソフトウェア 　生産管理，販売管理，人事管理，顧客管理，経理等 ・科学技術計算向けソフトウェア 　連立方程式や微分方程式の計算，建築や機械の構造計算や強度計算等

- 特定の分野に限ることなく多くの分野

個別応用ソフトウェアは，以下のように特定の目的，特定の分野で使われるソフトウェアである。

- 企業がコンピュータシステムを使って業務・事業を行う場合
- 特定分野の研究者や技術者が研究や開発に必要な科学技術計算を行う場合

9.1.2 パッケージソフトウェアとカスタムソフトウェア

ソフトウェアは利用者がソフトウェアを手に入れる形態の違いで，**パッケージソフトウェア**（packaged software）と**カスタムソフトウェア**（custom software）に分類される。

パッケージソフトウェアは共通応用ソフトウェアと個別応用ソフトウェアの中で製品として市販されている既成ソフトウェアのことである。もともと製品として販売されているソフトウェアはCDやDVDなどの記録媒体に記録され，包装された状態（packaged）で販売されることが多かったためこの名前がついた。しかし，最近ではインターネットを通じて，ユーザが自分のコンピュータに直接取り込む形態（ダウンロード）で購入する製品も多くなっている。

カスタムソフトウェアは，個々の利用者の利用目的や用途に合わせて個別に開発された応用ソフトウェアのことである。利用者に合わせて開発されているため利用しやすいが，個別に開発するためコストがかかり，パッケージソフトウェアに比べて高価になる場合が多い。

企業がコンピュータを活用してビジネス活動（生産管理，販売管理，顧客管理，人事管理，経理等）を行うときに使われるソフトウェアの多くはカスタムソフトウェアである。

9.2 代表的な応用ソフトウェア

9.2.1 文書作成ソフト

文書作成を目的として使われる応用ソフトウェアには，**テキストエディタ**や

ワープロソフト（ワードプロセッサ）がある。

テキストエディタは単にエディタとも呼ばれる．テキストエディタは，コンピュータの操作画面を見ながらキーボードを使ったテキストの入力，挿入，削除，移動，複写，印刷等の編集機能を持っている．

編集されたテキストデータはテキストファイルとして補助記憶装置に記録し，必要なときに再度補助記憶装置から読み込まれ，編集が行われる．元来は，コンピュータプログラムのソースコードの入力，編集のために使われてきた．

ワープロソフトは，日常の文書，原稿，手紙等を作成するために使われ，テキストエディタの持つ基本的な入力，編集機能に加えて，以下に示すような種々の機能を持っている．

1) 多様な文字処理機能
   - ゴシック体や明朝体などの多種の文字種（フォント）の扱い
   - 小さな文字から大きな文字まで，多種の文字サイズの扱い
   - **太字**，*斜体文字*，<u>下線</u>や~~取り消し線~~のついた文字など多種の文字装飾
2) 多様な文書の体裁処理機能
   - 文書中での，表や図の埋め込み
   - 1ページ当りの行数，1行当りの文字数，行間の調整
   - 禁則処理（行頭に「、」「。」「，」「．」，行末に「（」などが書かれないようにする）
3) 編集や構成に役立つ機能
   - 「てにをは」など，文法の整合性のチェック
   - 単語の綴り誤りの検出
   - 表現揺らぎ（例：コンピュータとコンピューター）のチェック

図9.1にワープロソフトの画面例を示す．ワープロソフトの代表的なものとして，Microsoft Word（Microsoft），一太郎（ジャストシステム），Writer（OpenOffice.org）等がある．

9.2 代表的な応用ソフトウェア　　*91*

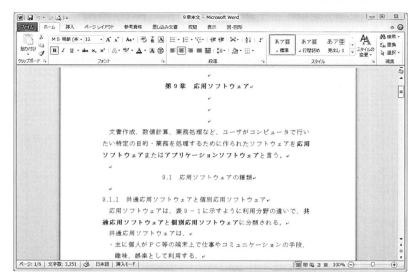

図 9.1　ワープロソフトの例　（Microsoft Word）

9.2.2　表計算ソフト

表計算ソフト（spreadsheet）は，セル（cell）と呼ばれるマスが行方向（縦方向）と列方向（横方向）に広がった表形式の画面が基本となっている。指定したセルに数値，文字，計算式，条件判定を入力すると，その内容を分析し，計算処理を行い，処理結果をそのセルまたは別のセルに書き込んで表示する機能を持っている。この機能を利用してさまざまな計算，集計処理を行うことができる。**図 9.2** に表計算ソフトの画面例を示す。ここに示した例では，セル A1 に入力された値の 3 倍の値がセル A2 に入力される状態を示している。

表計算ソフトの代表的なものとして，Microsoft Excel（Microsoft）や Calc（OpenOffice.org）などがある。

9.2.3　プレゼンテーションソフト

プレゼンテーションソフトとは，会議や講演などで用いる発表資料の作成と発表（プレゼンテーション）時の資料の表示を行うソフトウェアである。

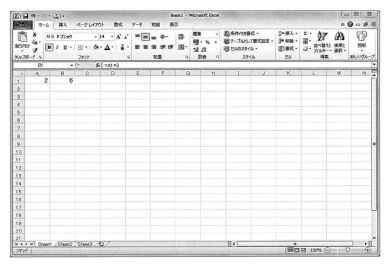

図 9.2 表計算ソフトの例 (Microsoft Excel)

　発表資料は，**スライド**と呼ばれるデータから構成される。スライドの作成は，発表で示したいテキスト，表やグラフ，写真や画像を組み合わせて作成する。また，見栄えのよいスライドを簡単に作るために，配色や背景をあらかじめ設定したテンプレート（雛形）が用意されている。

　作成したスライドは，スライドショーと呼ばれる機能を使って，1 枚ずつ自由な時間間隔で順次表示することでプレゼンテーションを行う。

　代表的なプレゼンテーションソフトとして Microsoft PowerPoint（Microsoft）や Impress（OpenOffice.org）などがある。

　文書作成，データの集計・計算，プレゼンテーションはパーソナルコンピュータの利用者の多くが使う機能なので，あらかじめこれらのソフトウェアが搭載（バンドル）されているパーソナルコンピュータもある。

9.2.4　Web ブラウザ

　Web ブラウザは，インターネット上の Web ページの情報を表示し，閲覧するための応用ソフトウェアである。**図 9.3** に Web ブラウザの画面例を示す。

9.2 代表的な応用ソフトウェア　　93

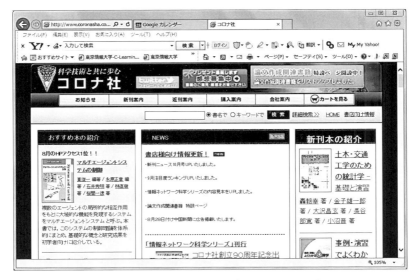

図 9.3　Web ブラウザの例　（Internet Explorer）

　Web ページの情報は，テキスト，画像，音声，**HTML** と呼ばれる言語で記述された画面レイアウト情報から構成されている。Web ブラウザはインターネットを通じて，Web ページの情報をダウンロードして，画面に表示・再生する。

　Web ブラウザの代表的な製品として，Internet Explorer（Microsoft），Safari（Apple），Google Chrome（Google），FireFox（Mozilla）等がある。

9.2.5　グラフィックソフト

　コンピュータで，図形や画像を描画するために使われるソフトウェアを**グラフィックソフト**と呼ぶ。グラフィックソフトは，ピクセル（pixel）という画素単位で画像を扱う**ペイント系グラフィックソフト**と，幾何学的な図形や，直線，曲線を扱う**ドロー系グラフィックソフト**の2種類に大別される。ペイント系グラフィックソフトの代表的な製品には，Adobe Photoshop（Adobe）や PaintShop（Corel）などがある。ドロー系グラフィックソフトの代表的な製品

には，Illustrator（Adobe）や OpenOffice.org Draw（OpenOffice.org）などがある。

9.2.6 ユーティリティソフト

ユーティリティソフトとは，OS や応用ソフトウェアの機能，性能，操作性を向上させるソフトウェアで，**ツールソフト**と呼ばれることもある。ユーティリティソフトが提供する機能には，ファイルサイズの圧縮，コンピュータウイルスの検出・駆除，ディスク管理などがある。ユーティリティソフトには，OS に最初から組み込まれているものや，別売の製品ソフト，ユーザが無償で自由に使える**フリーソフト**として提供されるものもある。

9.2.7 プラグインソフト

プラグインソフトとは，ほかの応用ソフトウェアと組み合わせて動作させることで，応用ソフトウェアに機能を追加するプログラムである。単にプラグイン，または**アドオンソフト**と呼ばれることもある。

応用ソフトウェアには，新たにプログラムを組み合わせることで機能を拡張できるような仕組みをあらかじめ備えているものがある。この仕組みに合わせて機能を追加するために作られたソフトウェアがプラグインソフトである。プラグインソフトは単体では動作せず，応用ソフトウェアと組み合わせて追加機能を実現する。

プラグインソフトは組合せの対象となる応用ソフトウェアの製作者が自ら開発する場合と，公開された応用ソフトウェアの仕様に合わせて，第三者がプラグインソフトを開発する場合とがある。

10.1 ユーザインタフェースの進展

ユーザインタフェースとは，コンピュータと利用者（ユーザ）との間で情報をやり取りするための仕組みである．具体的には，**図 10.1** に示すように，ユーザがマウスやキーボードを使ってコンピュータに指示を入力する方法や，コンピュータがディスプレイに情報を表示する方法などを指す．ユーザインタフェースを**ヒューマンインタフェース**と呼ぶこともある．

図 10.1　ユーザインタフェース

初期のコンピュータでは，ユーザがコンピュータを使う場合，コマンドと呼ばれるコンピュータへの指示をキーボードから文字を打鍵入力することで与えていた．また，コンピュータの処理結果は文字でディスプレイに表示されていた．このように，ユーザとコンピュータとの間で文字を使って情報をやり取りするユーザインタフェースを**キャラクタユーザインタフェース**（character user interface, **CUI**）という．

CUI では，ユーザからコンピュータへの指示はすべてコマンドの入力で行う必要がある．例えば，アプリケーションプログラムを実行させるためには，プログラム名やプログラムで扱うファイル名をキーボードから入力する必要がある．また，フォルダ内のファイル一覧を表示するためには，それを指示するコマンドの"dir"を入力する必要がある．図 10.2 では，"dir"をキーボードから入力して，Katsu7 というディレクトリにあるサブディレクトリを表示している画面を例示している．

図 10.2 CUI 画面例

ユーザが CUI でコンピュータを使うためには，行いたい処理に必要なコマンドを覚えておく必要があった．そのため，初心者にとっては非常に使いにくいユーザインタフェースといえる．

その後，半導体技術の進歩により，PC の CPU 性能やメモリ容量が飛躍的に向上し，ディスプレイにアイコンなどのグラフィカルな図形を表示するのが容易になってきた．また，マウスが発明され，ディスプレイ上の所望の位置を容易にポインティングできるようになった．このような入出力技術の発展を背景

に，画面上にアイコンを表示し，それにマウスのカーソルを合わせてクリックすることにより，コンピュータに指示を与える方法が実現された。画面上に表示されたグラフィックを用いたユーザインタフェースを**グラフィカルユーザインタフェース**（graphical user interface, **GUI**）という。

GUI は直観的でわかりやすく，特に初心者にとって，非常に使いやすいインタフェースといえる。このため，PC のユーザインタフェースの主流になっている。個人使用のコンピュータの一種であるスマートフォンやタブレットは，タッチパネルを有し，マウス操作の代わりに，画面に表示されたアイコンなどを手で触って操作する形の GUI を実現している。

10.2 GUI 部品

コンピュータがユーザに表示する画面を設計するため，いろいろな **GUI 部品**が用意されている。Web ページ内に GUI 部品を作り出すため，HTML（10.5 節参照）に専用のタグが用意されている。また，Java などのプログラミング言語でも，GUI 部品を作成するための API が用意されている。GUI 部品を使って作成された画面の例を**図 10.3** に示す。よく使われる GUI 部品としてテキストボックス，ラジオボタン，チェックボックス，プルダウンメニュー，ボタン，ラベル等がある。

〔1〕 **テキストボックス**　文字情報（テキスト）や数値を入力するための GUI 部品である。マウスのカーソルをテキストボックスに合わせてクリックすると，テキストボックスが選択され，キーボードから文字や数字を入力できる。

〔2〕 **ラジオボタン**　複数の選択肢から排他的に一つだけを選択させるための GUI 部品である。○印で表示され，マウスのカーソルを部品に合わせてクリックすると，項目が選択されたことを示すため，○印の中に黒い点が表示される。別の項目を選択し直してクリックすると，その項目が選択されて○印の中に黒い点が表示される。それと同時に，先に選択した項目の○印の中の黒い点は消える。

98   10. ユーザインタフェース

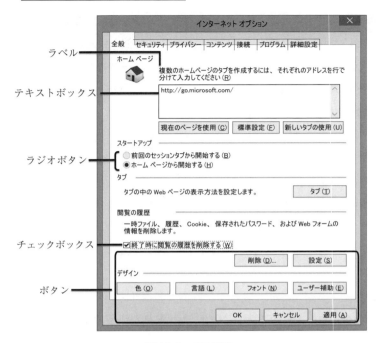

図 10.3 GUI 部品

〔3〕 **チェックボックス**　項目を選択するか否かを表示するための GUI 部品である。□印で表示され，マウスのカーソルを部品に合わせてクリックすると，選択されたことを示すために□印の中にチェックマーク（レ点）が表示される。再度クリックするとチェックマークは消え，選択は取り消される。

〔4〕 **プルダウンメニュー**　プルダウンメニューの右側の▼印にマウスのカーソルを合わせてクリックすると，複数の選択項目が引き出されるように表示される。マウスのカーソルを移動させ，選択したい項目に合わせてクリックすると，選択した項目が表示される。プルダウンメニューで引き出される項目は操作するときだけ表示されるので画面を占有することはない。入力データの種類が少なく，固定している場合は，文字をキーボードから直接入力するテキストボックスよりプルダウンメニューを使うほうが適している。

〔5〕 **ボ　タ　ン**　コマンドを実行させるための GUI 部品である。ボタ

ンにマウスのカーソルを合わせてクリックすると，ボタンと関連付けられたコマンドが実行される．例えば，図10.3の「適用（A）」のボタンをマウスでクリックすると，この画面を表示したアプリケーションプログラムに，画面で入力したデータが渡されて適用される．

〔6〕 **ラ ベ ル**　ラベルは文字列を表示するために用いるGUI部品である．テキストボックスに名前や説明をつけたり，ラジオボタンやチェックボックスと組み合わせて，その内容を表示するために用いる．また，ボタンの上に張り付けて，ボタンをクリックしたときのアクションがわかるようにするために用いる．

10.3　画　面　設　計

画面設計とは，GUI部品を適切に配置して，ディスプレイに表示する画面を設計することである．ユーザは画面を通してデータを入力したり，メッセージを受けたりする．このため，入力しやすい画面，メッセージが読みやすく，わかりやすい画面を設計することが要求される．画面設計の善し悪しがユーザの使い勝手を大きく左右する．画面設計で留意すべき点は下記のとおりである．

- 画面の入力項目は左から右，上から下に流れるように配置する
- 一つの画面には，まとまりのある機能を持たせ，多くを盛り込まない
- 使用頻度の高い操作に対しては，マウスとキーボードの両方のインタフェースを用意する
- 不慣れなユーザのために操作ガイダンスをつける
- **エラーメッセージ**は，ユーザがなにをすればよいか，わかるように具体的に表示する

10.4　帳　票　設　計

帳票設計とはプリンタで印刷する請求書や帳簿などのレイアウトを設計する

ことである。帳票設計に当たっては，印刷する項目を整理し，各項目を見やすく，わかりやすいようにレイアウトする。帳票の設計例を図 10.4 に示す。帳票設計で留意すべき点は下記のとおりである。

- 関連する項目は隣接させる
- 帳票に統一性を持たせるため，表題，日付などの項目を配置する位置，使用する字の大きさやフォントなど，設計上のルールを決めておく
- 余分な情報は除き，必要最小限の情報のみを盛り込む
- 必要に応じて，グラフや画像などを活用する
- 罫線を使い，わかりやすさや見た目の美しさに配慮する

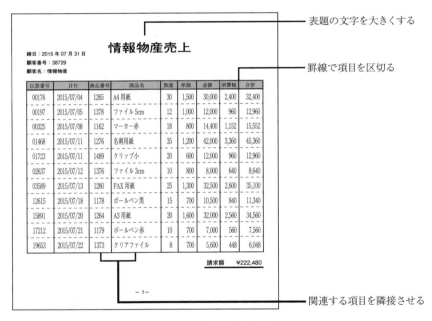

図 10.4　帳票の設計例

10.5　Web デザイン

企業は Web サイトを立ち上げ，商品やサービスに関する案内など，いろい

ろな情報を発信している。企業だけでなく公共機関でもWebサイトから多くの情報を発信している。WebサイトはHTMLで記述された多くのWebページなどからなり、インターネットに接続されている。HTMLとは、Webページに表示される文章の構造や修飾についての情報を記述する言語である。文章中のタイトルや段落の区切り、画像の埋め込みを設定できる。ある大学のWebサイトの例を図10.5に示す。Webページはリンクでつながっているが、膨大なWebページの中から、ユーザが必要とするWebページを探し出すのは大変である。

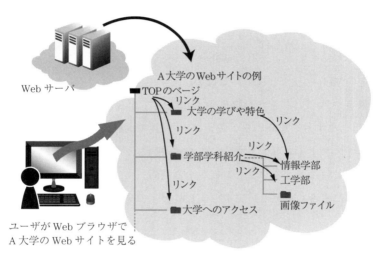

図10.5 Webサイトの例

Webサイトには不特定多数のユーザがアクセスしてWebページを閲覧する。ユーザが使用する端末の種類としては、PC、タブレット、スマートフォン等があり、画面サイズや解像度が大きく異なる。また、Webページを表示するWebブラウザにはいろいろな種類があり、表示の仕方などに微妙な差がある。

Webページの画面設計に当たっては、10.3節で述べた画面設計の留意点に加えて、Webページの特徴やWebページにアクセスするユーザ側の事情を考慮

する必要がある。具体的には，つぎのような点に留意して設計する必要がある。

- Web サイト全体で，色調やデザインを統一する。これを容易に実現する方法として，Web ページの見栄えを指定する**スタイルシート**（cascading style sheets, **CSS**）がある。CSS では，Web ページの視覚的表現情報として，文字のフォント種別や大きさ，文字飾り，行間，配色等の情報を規定してファイルとして保存する。そのファイルを HTML 文書から参照することにより，複数の Web ページ間の視覚表現情報を統一できる。HTML が文章構造を記述しているのに対し，CSS は文章の見栄え，視覚表現を記述する。
- 画面の小さいスマートフォンでもストレスなく閲覧できるように，必要に応じてスマートフォン用の Web ページを用意する。
- 特定の Web ブラウザに依存しない。
- 高齢者や障がい者を含む幅広い人が利用できるようにアクセシビリティ（利用しやすさ）を高める。例えば，「弱視や老眼の人向けにフォントサイズをカスタマイズ可能とする」また，「視覚障がい者は Web ページの文字を音声で読み上げるソフトを利用するため，文字だけでも内容が理解できるようにする」などは，アクセシビリティの高い Web ページといえる。

10.6　ユニバーサルデザイン

ユニバーサルデザインとは，多くの人が使うことができる，あるいは多くの人にとって使いやすい設計のことである。具体的には，国籍や文化の違い，年齢や性別，障害の有無などにかかわらず，多くの人が利用できるように設計することである。ユニバーサルデザインの一例として，「PC の操作をキーボードやマウスだけでなく，ほかの入力手段にも対応させる」，「PC の画面表示を見やすく工夫する」などがある。

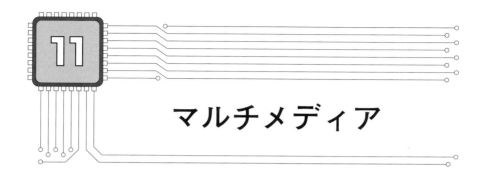

マルチメディア

11.1 マルチメディア

11.1.1 マルチメディア

コンピュータは数値だけでなく,われわれが「目で見る,耳で聞く」文字,画像・映像,音声等のメディア(情報媒体)も扱うことができる。コンピュータで,これら複数のメディアを統合して処理・表現する技術またはシステムを**マルチメディア**と呼ぶ。

11.1.2 アナログデータとディジタルデータ

画像・映像,音声等の情報は,画像・映像では「濃さ,明るさ,色」,音声の場合は「強弱,高低」などの連続量(アナログデータ)で表される。

コンピュータで文字,画像・映像,音声等の情報を扱うには,アナログデータから数値で表されたディジタルデータに変換する必要がある。アナログデータからディジタルデータに変換する処理を**アナログ-ディジタル変換**(**A/D変換**)と呼ぶ。アナログデータからディジタルデータへの変換では,図11.1に示すようにアナログデータに対して,**標本化**(サンプリング),**量子化**,符号

図11.1 アナログデータからディジタルデータへの変換

化を行う。

一方で，コンピュータで処理した結果のディジタルデータのままでは人間に理解しづらいので，人間が理解しやすいアナログデータに変換して出力する処理が必要となる。ディジタルデータからアナログデータへ戻す変換処理を**ディジタル-アナログ変換（D/A変換）**と呼ぶ。

11.1.3 コンピュータで扱うディジタルデータ

コンピュータで処理される文字，画像・映像，音声等のディジタルデータには，つぎの二つのデータ形式がある。

- **テキストデータ**（text data）：文字情報を表すデータで，文字コードの形で処理される。
- **バイナリデータ**（binary data）：テキストデータ（文字コード）以外の，画像・映像や音声を表すデータである。バイナリ（binary）という言葉は「2進数（binary digit）」を意味している。

11.2 文　　　字

11.2.1 文字コード

文字コード（character code）は，文字や記号をコンピュータで処理するために，文字・記号の一つひとつに割り当てられた固有の数字である。コンピュータはその数字を処理することで，文字情報を扱うことができる。

文字コードには1バイトの文字コードから4バイトの文字コードまで，各種の文字コード体系がある。1バイトで表される値は0～255なので，1バイトの文字コードでは最大256種類の文字しか表現できない。英数字だけを扱うのであれば1バイトの文字コードでよいが，日本語の漢字のように多数の文字種を持つ言語では2バイト（最大65536文字まで表現可能）以上の文字コード体系を定めて使用する必要がある。

最近では，世界中のすべての文字を扱える文字コード体系として，unicode

11.2 文字　105

(1.2.2項〔4〕参照)のような，4バイトの文字コード体系も提唱されている。

11.2.2　おもな文字コード

〔1〕 **ASCII**(アスキー) **コード**　7ビットの整数（0〜127）にアルファベットの大文字，小文字，数字，記号，空白，制御コード等，128文字を対応させた文字コードである。ASCIIコードの一覧を**表11.1**に示す。アルファベットの大文字「A」は，16進表現では41（上位3ビットの値が4，下位4ビットの値が1），2進表現では1000001というコードで表される。

表11.1のASCIIコードの一覧の中で，灰色の網掛けをした部分（16進数で

表11.1　ASCIIコード表

		下位4ビット							
	16進表現	0	1	2	3	4	5	6	7
16進表現		0000	0001	0010	0011	0100	0101	0110	0111
上位3ビット	0　000	NUL	SOH	STX	ETX	EOT	ENQ	ACK	BEL
	1　001	DLE	DC1	DC2	DC3	DC4	NAK	SYN	ETB
	2　010	SP	!	"	#	$	%	&	'
	3　011	0	1	2	3	4	5	6	7
	4　100	@	A	B	C	D	E	F	G
	5　101	P	Q	R	S	T	U	V	W
	6　110	`	a	b	c	d	e	f	g
	7　111	p	q	r	s	t	u	v	w

		下位4ビット							
	16進表現	8	9	A	B	C	D	E	F
16進表現		1000	1001	1010	1011	1100	1101	1110	1111
上位3ビット	0　000	BS	HT	LF	VT	FF	CR	SO	SI
	1　001	CAN	EM	SUB	ESC	FS	GS	RS	US
	2　010	(	)	*	+	,	-	.	/
	3　011	8	9	:	;	<	=	>	?
	4　100	H	I	J	K	L	M	N	O
	5　101	X	Y	Z	[	\	]	^	_
	6　110	h	i	j	k	l	m	n	o
	7　111	x	y	z	{			}	~	DEL

00〜1Fと7F）のコードは制御コードである。制御コードとは行送り，改行など，文字を出力する装置の動作を制御するコードである。文字と異なり画面上には表示されない。

コンピュータの多くは1バイト（8ビット）を単位としてデータを扱うため，上位4ビットの値が8〜F（2進1000〜1111）の128文字分はASCIIコードでは規定されていない空き領域となる。この空き領域に，各国の標準化団体やコンピュータメーカが，自分たちの必要な文字を割り当て，ASCIIコードの拡張文字コードとした独自の規格を設けている。日本では日本工業規格（JIS）で，この空き領域に半角カタカナなどを収録したJIS X 0201が設定されている。

図11.2に示す例では，「This」という語の各文字を，JIS X 0201コードで処理する場合を示している。「This」の各文字を，16進数表記で表した1バイト（8ビット）の文字コード列で表すと，54, 68, 69, 73となる。コンピュータ内部で処理するときには，16進数表記の値が2進数の文字列データに変換された，01010100, 01101000, 01101001, 01110011, という形になってコンピュータで処理される。

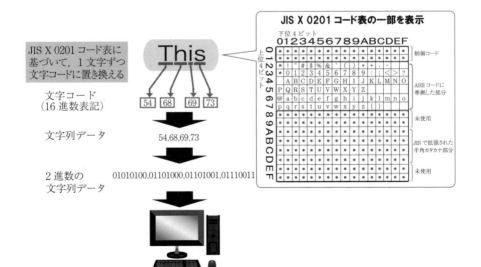

図11.2 文字コード処理

〔2〕 **JIS コード**　JIS コードはおもにインターネットで電子メールを日本語で送受信するときに使われる文字コード体系である。1 文字を 2 バイトで表すため，65 536 種類の文字コードを扱える。そのため，漢字への対応が可能となっている。**JIS 漢字コード**と呼ばれることもある。

　上位 1 バイトの値が，ASCII コードで使われる値と重なっているため，1 バイトの ASCII コードか 2 バイトの JIS 漢字コードかを区別する処理が必要となる。

〔3〕 **シフト JIS**　シフト JIS はおもにパーソナルコンピュータのオペレーティングシステムで使われている文字コード体系である。JIS 漢字コードと同様に 2 バイトで漢字を含む文字を表しているが，上位 1 バイトの値が ASCII コードや JIS コードと重ならない値の範囲を使っている。

〔4〕 **unicode**　コンピュータが世界中で利用されるようになったことで，異なる言語ごとに固有の文字コードが使われるようになってきた。このような状態では，異なる言語へのソフトウェアの移植，異なる言語が混在した文書の作成などが困難になる。

　この問題を解決するために，世界中のすべての文字を含む単一の文字コード体系として作られたのが unicode（単一の文字コード）である。当初は，2 バイトの文字コード体系が制定された。しかし，2 バイトでは 65 536 文字しか扱えないため，現在の unicode は，4 バイトの文字コード体系となっている。

11.3　画　　　　像

11.3.1　画像のディジタル化

　画像をディジタルカメラやイメージスキャナなどの画像入力装置でコンピュータに取り込むと，濃淡や色が連続量として 2 次元に分布したアナログデータになる。コンピュータで扱うためには，これをディジタルデータに変換する必要がある。ディジタル化の手順として標本化，量子化，符号化の三つの処理を行う。

〔1〕 **画像の標本化**　アナログデータの2次元画像情報を，横（X軸）方向，縦（Y軸）方向に等間隔に区切った正方形の格子状に分割する。この正方形の格子を**画素**（pixel, **ピクセル**）と呼ぶ。画素ごとに，その画素の濃さや色などの値を代表値で表すと，2次元に連続分布している画像データは，横（X軸）方向，縦（Y軸）方向の画素単位にとびとびの値を持った画像データに変換される。この処理を画像の標本化という。

図11.3ではアナログデータの画像情報「Jという文字パターン」を，横（X軸）方向×縦（Y軸）方向を7×7の画素で標本化した場合と19×19の画素で標本化した例を示している。横（X軸）方向と縦（Y軸）方向の画素の数が多いほど，または標本化を行う画素の大きさが小さいほど，原画像に近い滑らかに標本化された画像となる。

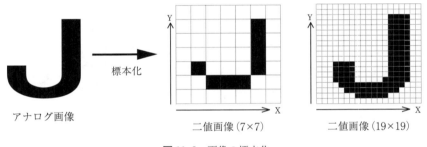

図11.3　画像の標本化

横（X軸）方向と縦（Y軸）方向の画素の数，または画素の大きさを表す指標を画像**解像度**という。画像解像度は，1インチ（約2.54 cm）当りの画素（ピクセル）数で表される。画像解像度の単位は**ppi**（pixel per inch）で表される。ppiの値が大きいほど画像解像度は高く，標本化画像は滑らかになる。

〔2〕 **画像の量子化**　標本化された画像の各画素の濃度や色をあらかじめ設定された数（レベル）に割り当てる処理を画像の量子化と呼ぶ。量子化処理を行うと各画素の濃度や色が数値で表される。

画素が表現できる濃度や色の数が多いほど，白黒の濃淡変化や色の変化の度合いが滑らかになり，もとのアナログ画像が忠実に再現できる。一つの画素の

量子化を2レベル（1ビット）にすると，その画素は二つの値を表現することができる。一つの画素を二つの値で表した画像を**二値画像**と呼ぶ。256レベル（8ビット）にすれば256個の値を表現することができる。一つの画素を多数の値で表した画像は**グレースケール画像**と呼ばれる。

図11.4（a）では，2レベル（1ビット）で量子化されている状態を一部分（4画素）の拡大表示で示している。図（b）は0〜255の256レベルで量子化されている。

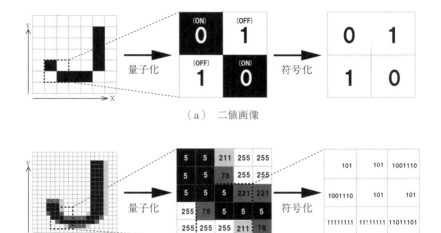

（a）二値画像

（b）グレースケール画像

図11.4　画像の量子化と符号化

〔3〕**画像の符号化**　図11.4に示すように，量子化された画像の各画素の濃さや色の値を0と1で表される2進数に変換する処理を画像の符号化という。

- **1ビット符号化**：各画素を1ビット（1桁）の0か1で表現する。モノクロ画像では，1が白，0が黒を表す。1と0の二値で表されるので，白黒二値画像，あるいは単に二値画像と呼ばれる。図11.4（a）が1ビット符号化された画像である。
- **8ビット符号化**：各画素を8桁の0，あるいは1で表現する。モノクロ画像では，白から黒までの間に多階調の灰色（グレー）が含まれるグレース

ケール画像になる。図 11.4（b）が 8 ビット符号化された画像である。8 ビット符号化されたグレースケール画像は**図 11.5** に示すように 11111111 が白，00000000 が黒を表し，その間のさまざまな値がその値に対応した濃度のグレーになる。

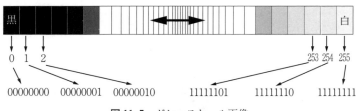

図 11.5 グレースケール画像

- **24 ビットフルカラー**：ディジタル画像で**フルカラー**（自然色）表示といわれる画像は，次項で述べる光の三原色（R，G，B）の各々に 8 ビットを割り当てて符号化処理を行う。一つの画素の色の量子化が 24 ビットとなるので，一つの画素では約 1 677 万色を表現することができる。**図 11.6** に R，G，B 各 8 ビットの組合せでどのような色が表現できるかを示す。

```
         R         G         B
      11111111  00000000  00000000  → レッド（R）
      00000000  11111111  00000000  → グリーン（G）
      00000000  00000000  11111111  → ブルー（B）
      11111111  11111111  00000000  → イエロー（Y）
      11111111  00000000  11111111  → マゼンタ（M）
      00000000  11111111  11111111  → シアン（C）
      11111111  11111111  11111111  → ホワイト（W）
```

図 11.6 RGB 光の三原色によるフルカラー表示

11.3.2　光の三原色と色の三原色

コンピュータのディスプレイの画面を拡大してみると，レッド（R），グリー

ン（G），ブルー（B）の三つの点で構成されていることがわかる。R，G，Bの3色を**光の三原色**という。

R，G，Bの光の配分を調整することで，**図 11.7**に示すように，さまざまな色を表現でき，RとGでイエロー（Y），GとBでシアン（C），BとRでマゼンタ（M），RとGとBの3色をあわせることでホワイト（W）を作り出すことができる。光の三原色は，色を重ねれば重ねるほど明るくなるため，**加法混色**と呼ばれる。

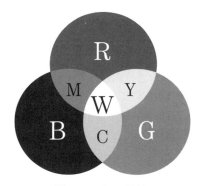 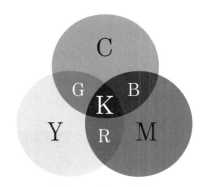

　　図 11.7　光の三原色　　　　　　図 11.8　色の三原色

一方，プリンタで色を印刷出力するときに用いられるインク（色素）では，**図 11.8**に示すように，C，M，Yの3色のインクを使ってさまざまな色を作る。C，M，Yの3色を**色の三原色**と呼ぶ。C，M，Yは，それぞれR，G，Bの補色となっている。**補色**とは，二つの色をあわせることで，無彩色（白，グレー，黒）を作り出せる色であり，白をはさんだ対角に存在する色はたがいに補色の関係になる。

Cのインクは，Rの色成分を吸収するため，Rの補色のCに見える。同様に，MのインクはGの色成分を吸収し，YのインクはBの色成分を吸収する。C，M，Yの3色のインクを一緒に混ぜ合わせることで，すべての色を吸収するブラック（K）が作られる。しかし，実際のプリンタで使われるC，M，Yの3色のインクを混ぜても，綺麗な黒にならないことが多い。そのため，多く

のプリンタではC，M，Yの3色のインクにKを加えた4色のインクで印刷を行う。色の三原色は，色を重ねれば重ねるほど暗くなるため，**減法混色**と呼ばれる。

11.4 音　　　声

11.4.1 音声のディジタル化

　音声を音声マイクで取り込むと，**図11.9**に示すような電気信号の波形としてオシロスコープで観察することができる。横軸は時間の経過，縦軸は音声強度に対応した電圧である。電気信号というアナログデータで取り込まれた音声を，コンピュータで扱うディジタルデータに変換するために，音声の標本化，量子化，符号化の三つの処理を行う。

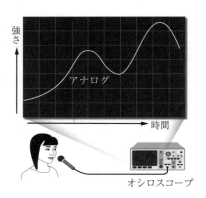

図11.9　アナログ情報の音声

〔1〕**音声の標本化**　　アナログデータの音声から一定時間間隔ごとにデータをとる処理を，音声の時間軸での標本化（サンプリング）という。図11.9で観察されるようなアナログデータの音声の標本化は，**図11.10**に示すようにグラフの横軸T1，T2，T3，…で表される時間ごとにデータをとる処理を行う。

11.4 音　　　声

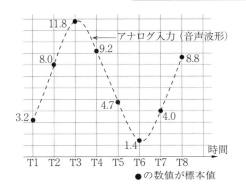

図11.10　音声の標本化（サンプリング）

〔2〕 **音声の量子化**　標本化で得られた一定時間間隔ごとの音声は，0（無音の状態）から大きな値までが小数点以下まで含まれた値となっている。この値をあらかじめ設定された範囲の整数値に丸めて，離散的な音声に変換する処理を音声の量子化という。量子化により図11.10のT1，T2，T3，…といったとびとびの時間ごとに得た値を，**図11.11**に示すように離散的な値で表すことができる。

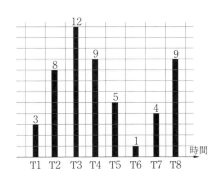

図11.11　音声の量子化

〔3〕 **音声の符号化**　量子化された値を，コンピュータで扱う0と1を使った2進数で表す。この処理を符号化という。**図11.12**では4ビットの2進数で表されているので，音声の強度が0〜15の16段階で表現できる。

114   11. マルチメディア

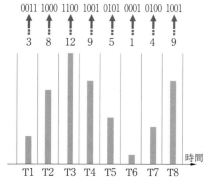

図 11.12　音声の符号化

標本化 → 量子化 → 符号化の処理の結果，アナログデータで取り込まれた音声がコンピュータで処理可能なディジタルデータに変換される。

11.4.2　CD-DA

身近な音声のディジタルデータの例として，CDに記録される**CD-DA**（compact disc digital audio）がある。

CD-DAは，アナログデータをつぎの条件でディジタルデータ化した音声データである。

- サンプリング周波数 44.1 kHz（1秒当り 44 100 個のサンプリングデータ
- 量子化ビット数 16 ビット（音声レベルを 65 536 段階に量子化）
- チャンネル数 2（左右 2.0 ch のステレオ）

1秒分のデータ量は

$$\frac{16 \text{ビット} \times 44\,100 \text{個/秒} \times 2 \text{チャンネル}}{8 \text{ビット}} = 176\,400 \text{バイト}$$

で表され，1分の音声データ量は

　　　176 400 バイト × 60 秒 = 10 584 000 バイト → 約 10.6 MB

となる。記憶容量 600 MB の CD-ROM には約1時間の音声データを記録することができる。

11.5 マルチメディアデータ

〔1〕 **マルチメディアデータのファイル形式**　ディジタルデータ化された画像，動画，音声のマルチメディアデータを記録するために，多数のファイル形式が規格化されている。このファイル形式では，利用分野，用途，求められる性能に応じて使い分けられている。

〔2〕 **画像データ**　ディジタルカメラの撮影画像の記録やインターネットでの配信を前提としたWebページの画像などの用途に応じて，画像サイズ，画質，扱える階調・色数，画像データの量を考慮したファイル形式がある。**表11.2**に画像データのファイル形式として，**JPEG**，**PNG**，**GIF**の三つのファイル形式を示している。

〔3〕 **動画データ**　放送画像の記録と配信，インターネットでの動画配信，CD-ROMやDVD-ROMへの録画等の用途に応じて，画面サイズ，画質，画像データの量を考慮したファイル形式がある。**表11.3**に動画データのファイル形式として，**MPEG**と**WMV**の二つのファイル形式を示している。

〔4〕 **音声データ**　録音された音楽データを記録してディジタル音楽プレイヤーでの再生，ネットワークを使っての音声データの配信，楽譜データの記録と電子楽器の演奏等の用途に応じて，再生音声の品質とデータ容量を考慮したファイル形式がある。**表11.4**には，音声データのファイル形式として，**MP3**（エムピースリー），**AAC**，**MIDI**の三つのファイル形式を示している。

〔5〕 **圧縮と伸長**　画像や音声はデータ容量がきわめて大きいため，そのまま記録・保存しようとすると大容量の記憶装置が必要となる。また，ネットワークを通じて画像や音声をそのまま配信すると，情報の配信に長時間かかってしまう。

記憶装置により多くの情報を記録する，あるいはより短い時間で配信するためには，画像や音声の意味や内容を損なわずにデータ容量を小さくする処理が必要となる。この処理を**圧縮**という。圧縮されたデータをもとのデータに復元

11. マルチメディア

表11.2 画像データのファイル形式

ファイル名	内容・特徴	おもな利用分野
JPEG	規格を作った組織名 Joint Photographic Experts Group の略 →ファイル形式名にも使われる 圧縮率が高い フルカラー画像にも対応している 非可逆圧縮方式	デジタルカメラでの撮影データ記録 インターネットでの画像利用
PNG	Portable Network Graphics の略 R, G, B 各16ビットのフルカラー画像に対応 可逆圧縮方式	インターネットでの画像利用
GIF	Graphics Interchange Format の略 インターネットでの画像利用のためにデータ容量を小さくした形式 モノクロは256階調, 256色以下のカラー画像に対応 可逆圧縮方式	インターネットでの画像利用

表11.3 動画データのファイル形式

ファイル名	内容・特徴	おもな利用分野
MPEG	規格を作った組織名 Moving Picture Experts Group の略 →ファイル形式名にも使われる MPEG1 や MPEG4 といった目的別のさまざまな規格がある	MPEG1:ビデオCD MPEG2:デジタル放送, DVD MPEG4:動画のネットワーク配信, 携帯端末向け
WMV	Windows Media Video の略 Microsoft が開発した画像圧縮方式, 再生には Windows Media Player を使う ストリーミング再生(データを受信しながら動画を再生すること)をサポートしている	インターネットでの動画配信

表11.4 音声データのファイル形式

ファイル名	内容・特徴	おもな利用分野
MP3	MPEG Audio Layer 3 の略 映像データ圧縮方式の MPEG1 で動画に含まれる音声の圧縮方式 音声データ圧縮方式名にも最も広く普及している方式 不可逆音声再生圧縮方式 圧縮後のデータ量は約1/10	インターネットを通じた音声データの配信 デジタル音楽プレイヤー 音楽CDからコンピュータへの音楽データの取込み
AAC	Advanced Audio Coding の略 映像データ圧縮方式の MPEG2, MPEG4 で動画に含まれる音声の圧縮方式 MP3 よりも小さなデータ量に圧縮できる	デジタル放送 インターネットを通じた音楽データの配信 デジタル音楽プレイヤー
MIDI	Musical Instrument Digital Interface の略 電子楽器の演奏情報のデータ形式 実際の音声をデジタル化したデータよりも小さなデータ量	コンピュータからの指示で電子楽器の演奏 電子楽器間で MIDI データを転送することで複数の電子楽器の同時演奏が可能

する処理を**伸長**（または解凍，展開）と呼ぶ。「圧縮後のデータ容量」÷「圧縮される前のデータ容量」の値を圧縮率と呼ぶ。

圧縮したデータを伸長したときに，もとのデータがそのまま完全に復元できる圧縮の方式を**可逆圧縮方式**と呼ぶ。これに対し，圧縮によってもとのデータの情報が一部失われ，伸長したときにもとのデータを完全に復元できない圧縮方式を**非可逆圧縮方式**と呼ぶ。一般に，非可逆圧縮方式のほうが，圧縮率は小さくなる。

11.6 マルチメディアの応用

11.5節までに，われわれが「目で見る，耳で聞く」文字，画像・映像，音声等のマルチメディアデータは，人間にとっては理解しやすいが，コンピュータで扱うには，ディジタル化技術や圧縮技術などが必要となることを述べてきた。本章で説明したこれらの技術を活用して，コンピュータによるマルチメディア処理が可能となり，マルチメディアを利用したさまざまな応用技術が生まれている。

マルチメディアの応用分野としては，以下のようなものがある。

- 教育の分野
    講義や教材への利用
    教師と学生が双方向に対話しながら行える遠隔講義の実現
- ゲーム・娯楽の分野
    高精細，高品質の映像と音声を使ったゲーム
    3次元CG（computer graphics）技術やVR（virtual reality）技術の利用
- 放送，インターネットの分野
    ディジタル放送や4Kディスプレイなどの普及に応じた利用
    インターネットを介してのマルチメディアコンテンツの配信
- スマートフォン，タブレット端末向け情報サービスの分野
    スマートフォン，タブレット端末向けサービスへの利用

118   11. マルチメディア

本節では教育の分野でのマルチメディア技術の応用事例として，文字，画像・映像，音声を複合させた教材「マルチメディア人体図鑑」を紹介する．図 11.13 に示すこのマルチメディア教材は，人体の構造を学びたいユーザ（学生）に対して，つぎのような特長的機能が提供されている．

- 人体を構成する諸器官が 3 次元 CG アニメーションで表示される
- マウス操作で，画面の切替え，拡大，回転が自由に行える
- マウス操作で，器官の部位を指定すると，その部位の関連説明がテキストと音声ナレーションで解説される

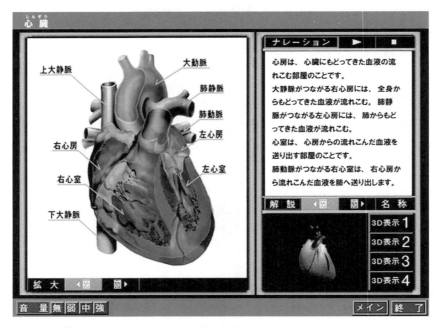

図 11.13　マルチメディアを使った教育ソフト
　　[出典] 安岡広志：からだの世界，毎日新聞社・内田洋行（1998）

本教材は，単に文字，画像・映像，音声を統合して処理するだけでなく，ユーザの操作に応じて表示や再生の仕方を変えることができる双方向性（インタラクティブ性）が実現されている．そのため，従来の紙ベースの教材に比べて，わかりやすく，主体的に人体構造を学ぶことができる．

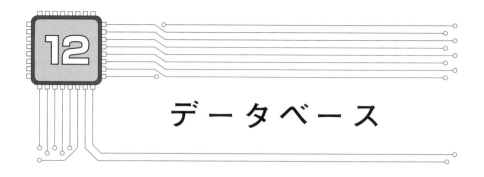

12 データベース

12.1 データベースとファイルの違い

12.1.1 ファイルによるデータの取扱い

アプリケーションプログラムでデータを扱う一つの方法として**ファイル**がある。ファイルは**図12.1**に示すように複数のレコードから構成されている。ファイルに記録されているデータはアプリケーションプログラムからOSのAPIを用いて，レコード単位に読出しや書込みを行う。一つのレコードは複数の項目で構成され，レコード内での項目の並びや項目間の区切りはアプリケーションプログラムが管理する。また，読み出したレコードから必要な項目を取り出す操作もアプリケーションプログラムが行う。

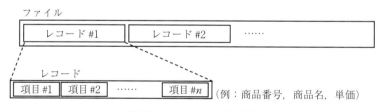

図12.1 ファイルの構成例

ファイルを利用してデータを扱う場合は，アプリケーションプログラムがレコードの管理を細かく行う必要があり，データとアプリケーションプログラムが密接に関係している。このため，レコード内の項目の追加や削除，項目の並びを変更すると，アプリケーションプログラムの変更も必要となる。

さらに，ファイルには複数のアプリケーションプログラムで共有する仕組みが提供されていない。このため，アプリケーションプログラムごとにファイルを作成する必要があり，同じ項目が複数のアプリケーションごとのファイルに重複して存在する場合も生じる。そのような状態では，データの一貫性を確保することが難しく，データの維持管理が大変になる。

また，データの種類や規模の増大に伴ってデータの管理がよりいっそう大変になるなど，ファイルを使ってデータを管理する場合は，いろいろな問題が生じる。

12.1.2 データベースによるデータの取扱い

この問題を解決するために考えられたデータの取扱い技術が**データベース**である。データベースの構成例を**図12.2**に示す。データベースでは，アプリケーションプログラムからデータを独立させ，**データベース管理システム**（database management system, **DBMS**）というソフトウェアで管理する。

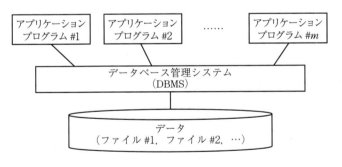

図 12.2　データベースの構成例

データベース管理システムがデータを管理するため，アプリケーションプログラムはデータの構造を意識することなくデータベースにアクセスすることができる。そのため，データの構造が変更されてもアプリケーションプログラムの変更は不要である。また，複数のアプリケーションプログラムからデータを共有することができるため，アプリケーションプログラムごとにデータを重複して

持つ必要がなく，一貫性を確保しやすい．その結果，データの維持管理が容易になる．

12.2 データベースの種類

データの表現方法の違いから，データベースには階層型データベース，ネットワーク型データベース，関係データベース等の種類がある．データベースの種類を**図 12.3**に示す．

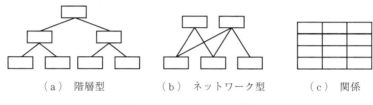

(a) 階層型　　(b) ネットワーク型　　(c) 関係

図 12.3 データベースの種類

階層型データベースはデータ間を親子関係でつないだ木構造でデータを扱うデータベースである．一つの親データに対して，複数の子データがつながる．一方，子データは必ず一つの親データにつながっている．企業の組織のような階層的なデータを表現するのに適しているが，階層的でないデータを表現することは難しい．

ネットワーク型データベースは，複数の親データと複数の子データが相互につながった構造のデータベースである．データが網の目のようにつながっていることからネットワーク型データベースといわれる．階層型データベースに比べて，より多様なデータ構造に対応できるが，複雑で使いこなすのが大変である．

関係データベースはデータを行と列の 2 次元の表で表す構造のデータベースである．構造がシンプルで理解しやすいため，現在，世の中で使われているデータベースのほとんどが関係データベースである．

12.3 関係データベース

関係データベースは，1970年にIBM社のE.F.Coddにより提唱されたデータベースである．個々のデータが複数の項目で構成され，データの集まりが表で管理される．

表の構成を**図12.4**に示す．表には表名が付けられ，それによりほかの表と区別される．表の列は項目（または**フィールド**，**属性**）といわれ，表の行はレコードといわれる．図12.4は「学生」表で，「学生番号」，「氏名」，「性別」，「年齢」，「住所」の項目を持ち，四つのレコードが登録されている．

表名 → **学生**　　列（項目，フィールド，属性）

学生番号	氏名	性別	年齢	住所
J001	御成太郎	男	19	千葉市若葉区御成台
J002	佐藤樹里	女	19	千葉市美浜区高洲
J003	高橋情士	男	19	東京都練馬区春日町
J004	中村太郎	男	20	東京都文京区小石川

行（レコード）→

図12.4 表の構成

表の中でレコードを特定する項目を**主キー**という．図12.4では「学生番号」が主キーである．氏名でもレコードを特定できそうであるが，同姓同名の人がいることを考えると，氏名は主キーには適さない．一つの表の中に，主キーが同じ値となるレコードが複数存在することはない．また，主キーの値が空欄（空値「NULL」）のレコードを挿入することはできない．ここで，空値「NULL」は，「ヌル」あるいは「ナル」と読み，データがない状態を表す．

多様なデータを管理するためには一つの表では対応できない．例えば，学校で，学生がどのような科目を履修しているかを表現しようとすると複数の表が必要になる．**図12.5**は学生の履修状況を「学生」表，「科目」表，「履修」表で表現したものである．

12.3 関係データベース

学生

学生番号	氏名	性別	年齢	住所
J001	御成太郎	男	19	千葉市若葉区御成台
J002	佐藤樹里	女	19	千葉市美浜区高洲
J003	高橋情士	男	19	東京都練馬区春日町
J004	中村太郎	男	20	東京都文京区小石川

履修

学生番号	科目番号
J001	K001
J001	K004
J002	K002
J002	K003
J003	K004
J004	K003

科目

科目番号	科目名
K001	音響情報論
K002	CG演習
K003	画像情報処理
K004	コンピュータ概論

図 12.5 表間の関係

　この三つの表は単独で存在するわけではなく，相互に共通の項目を介して関係を持っている。「学生」表と「履修」表は「学生番号」，「科目」表と「履修」表は「科目番号」を介して関係を持っている。図 12.5 で，「学生」表の主キーは「学生番号」，「科目」表の主キーは「科目番号」であり，主キーは一つの項目で表される。一方，「履修」表の主キーは「学生番号」と「科目番号」を組み合わせたものになる。このように，主キーは必ずしも一つの項目で表せるとは限らず，複数の項目を組み合わせて主キーとすることもある。複数の項目からなる主キーを**複合キー**という。

　また，ほかの表の主キーを参照している項目を**外部キー**という。図 12.5 では，「履修」表の「学生番号」と「科目番号」が外部キーである。「履修」表の「学生番号」は「学生」表の「学生番号」を参照している。また，「履修」表の「科目番号」は「科目」表の「科目番号」を参照している。

12.4 データベースの設計

データベースの設計では,必要な表,各表が持つ項目および主キーや外部キー等を明確にする必要がある。業務に必要なデータベースを設計するときには,業務で使用するデータを洗い出し,整理することから始める。データベース設計の一つの方法として,対象とする業務で用いられている帳票をベースに設計する方法がある。帳票からデータベースで扱う項目が抽出できる。例えば,大学で学生に渡す成績票を調べると,図 12.5 の各表の項目がピックアップできる。

帳票がない場合のデータベースの設計に有力なツールとして ER 図 (entity relationship diagram) がある。

〔1〕 **ER 図と表記方法**　　ER 図は**実体関連図**ともいい,**実体 (entity)** と実体との**関連 (relationship)** を表した図である。ER 図の表記方法を**図 12.6** に示す。実体を四角で囲み,実体と実体を線で結んで関連を表す。

実体と実体の関連には図 12.6 (a) ～ (c) に示す 3 種がある。図 (a) は

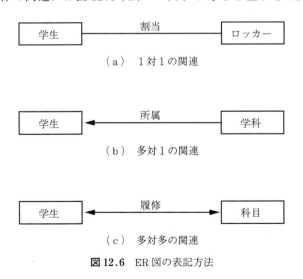

(a) 1対1の関連

(b) 多対1の関連

(c) 多対多の関連

図 12.6　ER 図の表記方法

実体と実体が1対1の関連を表している。例えば，一人の学生には一つのロッカーが割当てられ，一つのロッカーを使用するのは一人の学生に限られる場合がこれに該当する。図（b）は多対1の関連を表している。一人の学生は一つの学科だけに所属し複数の学科に所属することはなく，一つの学科には多数の学生が所属している場合がこれに該当する。この場合，実体間を線で結び，多側の実体に矢印を付ける。図（c）は実体と実体が多対多の関連を表している。一人の学生は多数の科目を履修し，一つの科目は多数の学生により履修される場合がこれに該当する。この場合，実体間を線で結び，両方の実体に矢印を付ける。

〔2〕 **業務分析と ER 図の作成**　対象業務を分析し，実体や関連を抽出する場合，実体は名詞で表現できるもの，関連は動詞で表現できるものが目安になるといわれている。例えば，学校で学生がどのような科目を履修しているかを対象とすると，実体として学生と科目，関連として履修（する）が抽出できる。これを ER 図で表すと**図 12.7** のようになる。

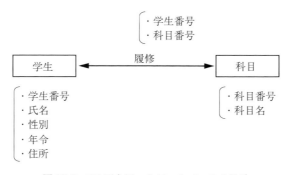

図 12.7　ER 図を用いたデータベースの設計

ER 図を作成したら，つぎに，実体の特徴を表す項目を抽出する。図 12.7 では，学生を表す項目として「学生番号」，「氏名」，「性別」，「年齢」，「住所」，科目を表す項目として「科目番号」，「科目名」を抽出している。

〔3〕 **ER 図からデータベース設計**　学生と科目を関係データベースの表にすると，抽出した項目を使って「学生」表，「科目」表が設計できるが，こ

のままでは，「学生」表と「科目」表の関係がつけられていない。図 12.7 のように，ER 図が多対多の場合は，「学生」表の主キーである「学生番号」と「科目」表の主キーである「科目番号」を項目に持つ新たな「履修」表を作成する。その結果，ER 図から相互に関係を持つ「学生」表，「科目」表，「履修」表の設計ができる。このように，実体を抽出したら，まず，実体間の関連を調べ，ER 図を作成する。つぎに，実体の特徴を表す項目を抽出し，実体ごとの表を作成する。最後に，二つの表の関係付けを行うことで，データベースの設計ができる。

図 12.7 では多対多の場合を示しているが，多対 1 の場合は，実体の特徴を表す項目を抽出し，1 側の実体の主キーを多側の実体の項目に追加することにより，データベースの設計ができる。また，1 対 1 の場合も，実体の特徴を表す項目を抽出し，どちらかの実体の主キーを別の実体の項目に追加することにより，データベースの設計ができる。

12.5　正　規　化

正規化とは，データが重複しないようにデータベースの表を設計することである。正規化を行うことによりデータの重複がなくなり，データベースの維持管理が容易になる。

正規化の例を**図 12.8** に示す。図 12.8 の上段の「商品・製造会社」表は，商品ごとに商品名や価格，その商品を製造する会社名と住所を格納する表であり，主キーは「商品番号」である。このままでも関係データベースの表として使用できるが，「商品・製造会社」表では，会社名と住所が重複している。具体的には，「元気一杯ドリンク」，「スーパードリンク」，「鼻スッキリ Z」の会社名「元気会社」および住所が各商品のレコードに重複して登録されている。この場合，「元気会社」の会社名や住所が変更になると，複数のレコードを修正する必要がある。図 12.8 では三つのレコードの修正だけで済むが，「元気会

12.5 正規化

商品・製造会社

商品番号	商品名	価格	会社番号	会社名	住所
S001	カムカムAドリンク	400	K001	情報飲料	千葉市若葉区
S002	元気一杯ドリンク	350	K002	元気会社	東京都世田谷区
S003	喉スッキリG	980	K003	港飲料	神奈川県横浜市
S004	スパークドリンク	450	K002	元気会社	東京都世田谷区
S005	鼻スッキリZ	940	K002	元気会社	東京都世田谷区

 正規化

商品

商品番号	商品名	価格	会社番号
S001	カムカムAドリンク	400	K001
S002	元気一杯ドリンク	350	K002
S003	喉スッキリG	980	K003
S004	スパークドリンク	450	K002
S005	鼻スッキリZ	940	K002

製造会社

会社番号	会社名	住所
K001	情報飲料	千葉市若葉区
K002	元気会社	東京都世田谷区
K003	港飲料	神奈川県横浜市

図 12.8 正規化

社」が製造している製品が多い場合には，それに比例して修正しなければならないレコードは増加する。

　図12.8の下段には，「商品・製造会社」表を正規化して，「商品」表と「製造会社」表に分けたものを示している。図12.8からわかるように，正規化により，データの重複はなくなっている。このため，「元気会社」の会社名や住所が変更になったとしても，「製造会社」表の一つのレコードを修正するだけで済む。「商品」表の主キーは「商品番号」，「製造会社」表の主キーは「会社番号」である。「商品」表の「会社番号」は外部キーである。

12.6 データベースの操作

12.6.1 SQL

SQL（structured query language）は関係データベースを操作するための言語である。SQL は**データ定義言語**（data definition language, **DDL**），**データ操作言語**（data manipulation language, **DML**），**データ制御言語**（data control language, **DCL**）の3種類から構成される。データ定義言語では，表の作成や削除などが行える。データ操作言語では，作成した表に対し，レコードの挿入，更新，削除が行える。また，表から必要なデータを抽出することができる。データの抽出のため，関係演算と集合演算がサポートされている。データ制御言語では，12.7節で述べるトランザクション処理の制御が行える。

12.6.2 関係演算と集合演算

関係データベースの表に対して行う演算として，関係演算と集合演算がある。関係演算には**選択**，**射影**，**結合**があり，集合演算には**和**，**積**，**差**がある。

〔1〕 **関 係 演 算** 選択は指定した条件を満足する行を取り出す操作である。選択の例を**図 12.9** に示す。図 12.9 では，図 12.8 の「商品」表から価格が 900 以上の行を取り出している。

射影は指定した項目を取り出す操作である。射影の例を**図 12.10** に示す。図 12.10 では，図 12.8 の「商品」表から「商品名」と「価格」を取り出している。

結合は複数の表を，共通する項目で結びつける操作である。結合の例を**図 12.11** に示す。図 12.11 では，図 12.8 の「商品」表と「製造会社」表に共通する「会社番号」で結合している。結合によって得られた表は，図 12.8 の上段の正規化前の表と同じである。正規化により分割した表を結合して，正規化前の表を復元できる。

商品表から価格が900以上の行を取り出す → 選択

商品表から商品名と価格を取り出す → 射影

商品名	価格
カムカムAドリンク	400
元気一杯ドリンク	350
喉スッキリG	980
スパークドリンク	450
鼻スッキリZ	940

商品番号	商品名	価格	会社番号
S003	喉スッキリG	980	K003
S005	鼻スッキリZ	940	K002

図12.9 選択   **図12.10 射影**

商品

商品番号	商品名	価格	会社番号
S001	カムカムAドリンク	400	K001
S002	元気一杯ドリンク	350	K002
S003	喉スッキリG	980	K003
S004	スパークドリンク	450	K002
S005	鼻スッキリZ	940	K002

製造会社

会社番号	会社名	住所
K001	情報飲料	千葉市若葉区
K002	元気会社	東京都世田谷区
K003	港飲料	神奈川県横浜市

→ 商品表と製造会社表を結合

商品番号	商品名	価格	会社番号	会社名	住所
S001	カムカムAドリンク	400	K001	情報飲料	千葉市若葉区
S002	元気一杯ドリンク	350	K002	元気会社	東京都世田谷区
S003	喉スッキリG	980	K003	港飲料	神奈川県横浜市
S004	スパークドリンク	450	K002	元気会社	東京都世田谷区
S005	鼻スッキリZ	940	K002	元気会社	東京都世田谷区

図12.11 結合

〔2〕 **集合演算**　集合演算は同じ項目を有する二つの表の間で行う演算である。集合演算の例を**図12.12**に示す。図12.12は「学生A」表と「学生B」表に対して和，積，差の集合演算を行った結果を示している。

- 和は両方の表に含まれるすべてのレコードを取り出す操作である
- 積は二つの表に共通するレコードだけを取り出す操作である
- 差は一つの表から別の表にないレコードを取り出す操作である

学生 A

学生番号	氏名	性別	年齢	住所
J001	御成太郎	男	19	千葉市若葉区御成台
J002	佐藤樹里	女	19	千葉市美浜区高洲
J003	高橋情士	男	19	東京都練馬区春日町

学生 B

学生番号	氏名	性別	年齢	住所
J002	佐藤樹里	女	19	千葉市美浜区高洲
J003	高橋情士	男	19	東京都練馬区春日町
J004	中村太郎	男	20	東京都文京区小石川

⇩ 学生 A 表と学生 B 表に対する集合演算

（a） 和

学生番号	氏名	性別	年齢	住所
J001	御成太郎	男	19	千葉市若葉区御成台
J002	佐藤樹里	女	19	千葉市美浜区高洲
J003	高橋情士	男	19	東京都練馬区春日町
J004	中村太郎	男	20	東京都文京区小石川

（b） 積

学生番号	氏名	性別	年齢	住所
J002	佐藤樹里	女	19	千葉市美浜区高洲
J003	高橋情士	男	19	東京都練馬区春日町

（c） 差（学生 A − 学生 B）

学生番号	氏名	性別	年齢	住所
J001	御成太郎	男	19	千葉市若葉区御成台

図 12.12 集合演算

12.6.3 高度なデータ抽出方法

SQLではデータを抽出するときに使える，高度な機能がサポートされている。代表的な機能である整列とグループ化について説明する。

整列とは，指定した項目の値により，レコードの順番を並べ替えて取り出す操作である。項目の値が小さい順番に並べるのを昇順，大きい順番に並べるのを降順という。整列の例を**図 12.13** に示す。図 12.13 は，図 12.8 の「商品」表からすべてのレコードを取り出し，「価格」で昇順に整列した例である。

商品表から価格で昇順に整列してすべての行を
取り出す

商品番号	商品名	価格	会社番号
S002	元気一杯ドリンク	350	K002
S001	カムカムAドリンク	400	K001
S004	スパークドリンク	450	K002
S005	鼻スッキリZ	940	K002
S003	喉スッキリG	980	K003

図12.13　整　列

図12.11の結合で得られた表を会
社番号でグループ化し，価格の平
均を求め，会社番号，会社名，平
均価格を取り出す

会社番号	会社名	平均価格
K001	情報飲料	400
K002	元気会社	580
K003	港飲料	980

図12.14　グループ化

グループ化とは指定した項目の内容が同じレコードをまとめて**集計**する操作である。集計の種類としては，**合計**，**平均**，**最大**，**最小**等がある。図12.14は，図12.11の結合で得られた表を「会社番号」でグループ化し，価格の平均を求め，「会社番号」，「会社名」，「平均価格」を取り出した例である。

ここでは，整列とグループ化について説明したが，SQLでは，これ以外にも多くの高度な機能がサポートされている。

12.7　トランザクション処理

12.7.1　トランザクション

データベースに対して行う，関係する一連の操作を**トランザクション**という。**トランザクション処理システム**の構成を**図12.15**に示す。データベースを有するホストコンピュータにネットワークを介して複数の端末が接続されている。端末から出されたトランザクションの処理要求は，ホストコンピュータでデータベースに対して行われ，結果が端末に返される。代表的なトランザクション処理システムとしては，預金の引出しや入金などを処理する**バンキングシステム**，列車の座席予約を行う**座席予約システム**などがある。

トランザクション処理では接続された複数の端末から同時に処理要求が発行

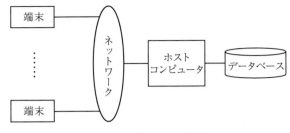

図 12.15　トランザクション処理システム

されることがあるため，複数のトランザクションを同時実行することが要求される。また，データベースでは，銀行の預金額や列車の座席予約状況などの重要なデータを扱っているため，ハードウェアやソフトウェア障害に対して，データベースが失われないような対策が必要とされる。

12.7.2　排他制御

排他制御とは，データベースに不整合が生じないように，複数のトランザクションが同じデータに同時にアクセスする場合，あるトランザクションがデータにアクセスしている間はほかのトランザクションから同じデータにアクセスできないようにすることである。複数のトランザクションを同時に実行することが要求されるトランザクション処理では必ず必要とされる機能である。

〔1〕　**排他制御を行わなかった場合**　　トランザクション処理で排他制御を行わなかった場合に生じるデータの不整合について**図 12.16** を用いて説明する。図 12.16 ではデータベースに預金額 X（現在の値 500）が格納されており，トランザクション A では 200 を入金する処理，トランザクション B では，100 を引き出す処理を同時に行った場合を表している。トランザクション A では，X の現在の値 500 を読み出し，それに 200 を加えた 700 を X に書き込む。トランザクション B では，X の現在の値 500 を読み出し，それから 100 を引いた 400 を X に書き込む。図 12.16 はトランザクション A の書込みの後にトランザクション B の書込みが行われ，X の値は 400 になっている。トランザクション A と B が別々に処理された場合，X の値は 600（X の元の値 500 に入

12.7 トランザクション処理

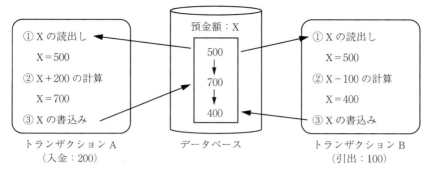

図 12.16 排他制御を行わなかった場合

金の 200 を加えて 700, つぎに 700 から引出しの 100 を引いて 600) にならなければならないため, 図 12.16 では矛盾が生じている。これを防ぐために排他制御が行われる。

〔2〕 **排他制御を行った場合** トランザクション処理で排他制御を行った場合を**図 12.17**に示す。トランザクション A で預金額 X を読む前に**ロック**をかける。ロックとは, ほかのトランザクションからのアクセスを禁止することである。ロックをかけた後, 入金処理を行い, X に 700 を書き込む。その後, X のロックを解除する。トランザクション B も預金額にロックをかけようとするが, トランザクション A によりすでにロックがかかっているため, ロッ

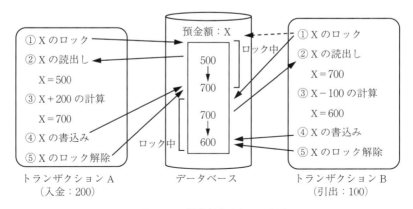

図 12.17 排他制御を行った場合

クが解除されるまで待たされる。トランザクションAによりロックが解除されると，トランザクションBがロックをかけ，引出し処理を行い，Xに600を書き込む。その後，ロックを解除する。ロックを使って排他制御を行うことにより，データベースに矛盾を起こすことなく，トランザクションを同時実行することができる。

〔3〕**デッドロック**　ロックを使って排他制御を行う場合，デッドロック（dead lock）が生じる可能性がある。デッドロックとは，複数のトランザクションがたがいに相手のロックしているデータを要求して待ち状態となり，処理が進まなくなることである。

デッドロックが発生している例を**図 12.18** に示す。図 12.18 では，トランザクションAがデータXをロックし，トランザクションBがデータYをロックする。つぎに，トランザクションAがすでにロックされたデータYのロックを要求して待ち状態になり，トランザクションBもすでにロックされたデータXのロックを要求して待ち状態になっている。この状態ではデータX，Yのロックはいつまでたっても解除されないため，トランザクションA，Bともに待ち続けることになる。

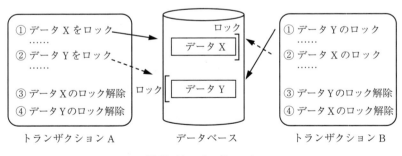

図 12.18　デッドロック

デッドロックから抜け出すためには，デッドロックを検出し，どちらかのトランザクションを強制的に停止させ，そのトランザクションがロックしていたデータのロックを解除する必要がある。デッドロックの検出やトランザクショ

12.7 トランザクション処理

ンの停止，ロック解除などの処理はデータベース管理システムが行う。

デッドロックが発生する前に，それを事前に回避するためには，データをロックする順番をすべてのトランザクションで同じにすることが有効であるといわれている。図 12.18 では，トランザクション B もデータ X，データ Y の順番にロックするように変更するとデッドロックは回避できる。

12.7.3 障害処理

トランザクション処理で扱うデータベースには重要な情報が格納されているため，ハードウェア障害やソフトウェア障害が発生したとしてもデータベースの内容が失われることがあってはならない。これらの障害に対応するため，データベース管理システムは**図 12.19** に示すように，データベースを格納しているハードディスクとは別の媒体に**バックアップファイル**や**ジャーナルファイル**を取得する。

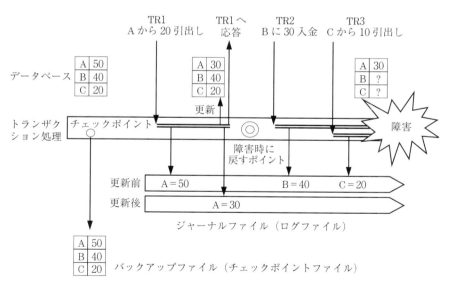

図 12.19 障害処理のためのバックアップファイルとジャーナルファイルの取得

〔1〕 **バックアップファイルとジャーナルファイル** バックアップファイルはチェックポイントごとにデータベースのすべてをバックアップしたファイルである。バックアップファイルのことを**チェックポイントファイル**と呼ぶこともある。ジャーナルファイルはトランザクションで更新するデータの更新前の値と更新後の値を取得するファイルである。ジャーナルファイルのことを**ログファイル**と呼ぶこともある。

図12.19の上段には，トランザクション処理の状況とデータベースの内容の変化を示している。データベースには口座番号（A，B，C）と預金額が格納されており，チェックポイント時点での預金額はAが50，Bが40，Cが20である。チェックポイントで，データベースと同じ内容がバックアップファイルに取得される。

トランザクション1（TR1）は口座Aから20を引き出す処理，TR2は口座Bに30を入金する処理，TR3は口座Cから10を引き出す処理とする。TR1では口座Aにアクセスし，預金額を書き換えるため，ジャーナルファイルに更新前の値A=50を書き込む。また，データベースを更新した後，更新後の値A=30を書き込む。TR1は問題なく終了し，その後，TR2，TR3が開始され，更新前の値B=40とC=20がジャーナルファイルに書き込まれる。その後，障害が発生したとする。障害時点で，しかかり中のトランザクションTR2，TR3が変更する予定の口座B，Cのデータは更新されているか否か不確定である。障害からの回復方法としてロールバックとロールフォワードがある。

〔2〕 **ロールバック** ロールバックは，トランザクションを処理しているプログラムの障害に対応する回復方法である。データベースは使用することができるが，障害時点で処理していたトランザクションに関係するデータの値は不確定である。ロールバックでの障害処理を**図12.20**に示す。ロールバックでは，障害時点のデータベースに更新前のジャーナルの値を上書きする。これにより，不確定であった口座B，CのデータはすべてにトランザクションTR2，TR3の開始直前の値に戻される。データベースが復元されると，トランザクション処理を再開する。

12.7 トランザクション処理

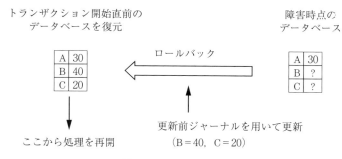

図 12.20　ロールバック

〔3〕 **ロールフォワード**　ロールフォワードは，データベースを格納しているハードディスクが壊れる重度な障害に対応した回復方法である。ロールフォワードでの障害処理を**図 12.21**に示す。障害になったハードディスクを交換し，それにバックアップファイルの内容をコピーして，チェックポイント時点のデータベースを復元する。その後，更新後ジャーナルを用いて処理が完了したトランザクションと同じようにデータベースを更新する。図 12.21 では TR1 の更新後ジャーナルを用いてデータベースを更新する。更新後ジャーナルを反映して，トランザクション TR2，TR3 の開始直前のデータベースが復元できると，トランザクション処理を再開する。

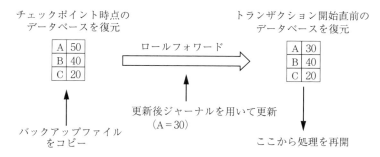

図 12.21　ロールフォワード

12.7.4 トランザクション管理

トランザクションには入金処理や引出し処理のように一つの処理で行われる

ものだけでなく，振込のように，ある口座からの引出し処理と別の口座への入金処理の二つの処理で行われるものもある．振込のトランザクションは二つの処理が両方とも成立しないと完了しない．どちらか一方または両方の処理が成立しない場合は，トランザクションを破棄し，データベースを元に戻す必要がある．

トランザクション制御のため SQL のデータ制御言語に COMMIT と ROLLBACK が用意されている．**COMMIT** はデータベースの更新を確定するとき，**ROLLBACK** はトランザクションを破棄し，データベースをトランザクション実行前の状態に戻すときに用いる．

口座 A から口座 B への振込処理の流れを**図 12.22** に示す．口座 A からの引出し処理と口座 B への入金処理の両方が成立したときに COMMIT を実行し，それ以外では ROLLBACK を実行する．

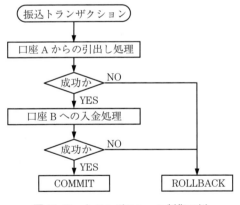

図 12.22 トランザクション制御の例

プログラム言語

13.1 プログラムとは？

13.1.1 プログラムの実行

コンピュータが行う処理を順序立てて記述したものを**コンピュータプログラム**という。単に**プログラム**と呼ばれることが多い。

処理の手順であるプログラムは，CPU が実行する命令と実行に必要なデータとから構成されている。命令やデータは記憶装置に記録され，実行処理を行う順に記憶装置から CPU が読み出し実行する。

プログラム（命令，データ）をあらかじめ記憶装置に記録し，これを順に読み込んで実行する方式を**プログラム内蔵方式**（stored program）と呼び，この方式で動作するコンピュータを**ノイマン型コンピュータ**と呼ぶ。現在のコンピュータはほとんどがプログラム内蔵方式を採用したノイマン型コンピュータである。

プログラムの内容に従ってコンピュータが動作する仕組みを**図 13.1** に示す。コンピュータに接続されている補助記憶装置に記憶されているプログラム（命令，データ）が主記憶装置に取り込まれると，CPU はプログラムが主記憶装置のどこに取り込まれているかを表すアドレスという値を参照しながら，命令やデータを読み出し実行する。

主記憶装置に取り込まれて処理を実行しているプログラムはプロセスと呼ぶ。

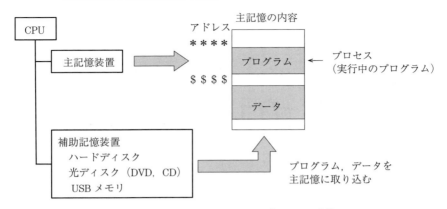

図 13.1 プログラムによるコンピュータの動作

13.1.2 プログラミング言語

プログラムを作成する活動を，**プログラミング**（programming）と呼ぶ。プログラムは**プログラミング言語**と呼ばれる人間が理解しやすい人工言語で記述される。ソフトウェアは，コンピュータが行う処理を多数組み合わせたもので，その処理を記述したものがプログラムである。

プログラミング言語で書かれたプログラムは**ソースコード**と呼ばれる。ソースコードはa，b，c，…，x，y，z，0，1，2，…，7，8，9等の英数字で書かれているので人間にとっては内容を理解しやすい表現形式である。しかし，ソースコードのままではコンピュータは解釈・実行できない。そのため，コンピュータがプログラムを実行するときには，プログラムをコンピュータが理解・実行できる形式に変換するか，プログラムの実行に必要な部分を解析しながら実行する処理が行われる。

13.2 プログラミング言語の種類

13.2.1 プログラミング言語の分類

プログラミング言語は，いろいろな分類方法で区別される。

〔1〕 **自然言語との類似性による分類**　プログラミング言語を人間が日常使っている言語（自然言語）に近い順に分類すると，**表 13.1** に示すように，高級言語，アセンブリ言語，機械語に分類できる。人間にとって理解しやすい順番の分類ともいえる。

表 13.1　理解のしやすさで分類したプログラミング言語

高級言語	人間が使う自然言語に近い → 理解しやすい プログラミングに使われることが多い
アセンブリ言語	機械語の命令と1対1に対応する単語で表す 機械語に比べると内容は理解しやすい コンピュータの機種ごとに異なる場合が多い
機械語	コンピュータ（CPU）が解釈，実行できる 2進数で記述される → 理解しにくい コンピュータの機種ごとに異なる

〔2〕 **ソースコードの処理形式による分類**　ソースコードで書かれたプログラムを実行するときのコンピュータの処理形式で分類すると，コンパイル言語とインタプリタ言語とに分類できる。

〔3〕 **記述形式による分類**　高級言語を記述形式で分類すると手続き型言語とオブジェクト指向言語とに分類できる。

13.2.2　高 級 言 語

高級言語は人間が日常使う言語（自然言語）に近い形式で書かれたプログラミング言語なので，人間にとって処理内容が理解しやすい利点がある。以下に，代表的な高級言語を説明する。

〔1〕 **C**　Cは1970年代にアメリカのAT＆Tベル研究所でUNIXオペレーティングシステム（OS）の開発向けにつくられた言語である。メモリやCPUなどのハードウェアを直接制御するプログラムを書きやすく，異なるコンピュータへのプログラムの移植が比較的容易などの特長がある。誕生以来，世の中で広く使われているプログラミング言語である。

〔2〕 **C++**　C++（シープラスプラス）は，C言語に，オブジェクト指向プログラミングという概念でプログラムを記述できるように機能を拡張し

たプログラミング言語である。

〔3〕 **Java**　Java は SunMicrosystems 社が開発したプログラミング言語である。

C や C++ で書いたプログラムは，コンパイラによって，コンピュータが直接理解できるオブジェクトコードに変換してから実行される（次節以降で詳述）。これに対して，Java で書かれたプログラムは，コンパイラに加えて **Java 仮想マシン**（Java Virtual Machine, **JVM**）というソフトウェアの処理を経て実行される。

Java で書かれたプログラムの処理の流れをほかの言語の流れと比較して**図 13.2** に示す。Java 言語で書かれたプログラム（ソースコード）は Java コンパイラにより Java バイトコードと呼ばれる中間コードに変換される。Java バイトコードは Java 仮想マシンが理解できる形式のコードである。

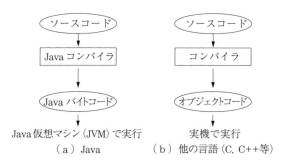

図 13.2　Java の実行

Java 仮想マシンは Java バイトコードを読み込み，オブジェクトコードに変換する。この結果コンピュータは Java プログラムを実行することができる。Java プログラムを実行させるために，コンパイラに加えて Java 仮想マシンが介在するので，実行速度は遅くなってしまう。

しかし，Java 仮想マシンが動く環境であれば，OS や CPU が異なってもソースコードを書き直す必要がない。そのため，Java で書かれたプログラムは異なる OS やマシンへのプログラムの移植が簡単に行える利点がある。

Javaはこの特長に加え，ネットワークにかかわる機能が備えられていることもあって，スマートフォンなどのモバイル機器から，大規模サーバシステムまで広く使われているプログラミング言語である。

〔4〕 **そのほかの高級言語**　上記の三つの言語のほかにも，科学技術計算向けの**FORTRAN**（Formula Translation），事務処理向けの**COBOL**（Common Business Oriented Language），初心者向けのプログラミング言語として初期のパソコンで広く使われた**BASIC**（Beginner's All-purpose Symbolic Instruction Code），Webアプリケーションやテキスト処理向けの**Perl**，日本で開発された**Ruby**等の高級言語がある。

13.2.3　機械語とアセンブリ言語

〔1〕 **機　械　語**　機械語は，コンピュータ（実際はCPU）の処理を，CPUに与えられる命令（1と0で表現される数値）の形そのもので表現した言語である。

〔2〕 **アセンブリ言語**　アセンブリ言語は，機械語の一つひとつの命令を英数字で表現したもので，高級言語と機械語の中間の言語といえる。アセンブリ言語を機械語に変換する機能をアセンブラという。

13.2.4　コンパイル言語とインタプリタ言語

〔1〕 **コンパイル言語**　ソースコードのままではコンピュータはプログラムを解釈・実行することができない。そのため，コンピュータが理解・実行できる**オブジェクトコード**と呼ばれる形式に変換する必要がある。オブジェクトコードは13.2.3項〔1〕の機械語である。

　ソースコードをオブジェクトコードに一括変換処理を行ってから実行処理を行う形式のプログラミング言語をコンパイル言語と呼ぶ。コンパイルとはソースコードをオブジェクトコードに変換する処理で，コンパイルを行う機能を**コンパイラ**と呼ぶ。コンパイラ自体もプログラムであり，ソースコードを一括変換して，コンピュータが実行できる**実行形式**（executable）のプログラムを作

る。実行形式は**実行ファイル**（executable file）とも呼ばれる。

コンパイル言語は，言語やオペレーティングシステムの違いに対応したそれぞれ別のコンパイラが必要となる。代表的なコンパイル言語には，C言語やJavaなどがある。

〔2〕 **インタプリタ言語**　ソースコードを処理単位ごとに逐次解釈しながら実行処理を行う形式のプログラミング言語をインタプリタ言語と呼ぶ。ソースコードを実行単位ごとに解釈する機能を**インタプリタ**と呼ぶ。インタプリタはコンパイラと異なり実行形式のプログラムを作らず，処理を行う部分だけを解釈して実行する。インタプリタ言語の例として，BASICやPerlなどのプログラミング言語がある。

13.2.5　手続き型言語とオブジェクト指向言語

高級言語を記述形式で分類すると，手続き型言語とオブジェクト指向言語に分けられる。

〔1〕 **手続き型言語**　手続き型言語（procedural language）は，プログラムで実行処理する手続きを処理手順の組合せで記述する高級言語である。

〔2〕 **オブジェクト指向言語**　オブジェクト指向言語（object oriented language）は，処理対象を一つの物（オブジェクト）とし，オブジェクト間の相互作用で処理が行われる（オブジェクト指向）という考えに基づいて記述される高級言語である。代表的なオブジェクト指向言語として，C++，Javaが挙げられる。

13.3　アルゴリズム

13.3.1　アルゴリズムとプログラム

アルゴリズム（algorithm）とは，問題を処理するための方法や手段を表したものである。コンピュータは

- 処理したい問題を，「なにを」，「どのような順番で」，「どのように」等の方法や手段をアルゴリズムとして表す
- アルゴリズムをプログラミング言語で書いてプログラムを作成する
- コンピュータはプログラムに従った動作を行う

というプロセスを経て問題を処理する。

13.3.2 アルゴリズムの表現方法

プログラムにしようと思っているアルゴリズムの表現方法には，フローチャート，ER図，データフローダイアグラム等がある。

〔1〕**フローチャート** フローチャートは流れ図とも呼ばれる。フローチャートはその名前のとおりアルゴリズム中の処理の流れを示す図である。フローチャートを書くときには，アルゴリズム中の処理手順を抽出し，抽出された処理手順を処理が行われる順番に結んでいく。**表 13.2** に，フローチャートを書くときに用いられる記号の代表例を示す。**図 13.3** に示したフローチャートの記述例では，1〜10 の整数の合計を計算し，計算結果を S として表示するアルゴリズムを示している。

表 13.2 おもなフローチャートの記号

記　号	名　前	意　味
⬭	端子	開始と終了
▭	処理	処理内容
◇	判断	条件分岐
⬠	画面表示	画面に出力する
→	線	記号を連結する

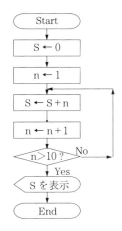

図 13.3 フローチャートを使ったアルゴリズム記述例

13. プログラム言語

フローチャートはコンピュータプログラムを書くためのアルゴリズム表現方法として広く用いられてきた。しかし，フローチャートで表現できるのは処理の流れであり，プログラムの構造やデータの構造，処理とデータの関連を表すことはできない。

〔2〕 **ER 図** ER 図は実体関連図とも呼ばれ，エンティティ・リレーションシップ・ダイアグラムデータ（entity relationship diagram）を略記したものである。ER 図はデータの構造を，「エンティティ（実体）」（entity）と，「リレーションシップ（関連）」（relationship）という要素でモデル化し，図で表したものである。データ間の関係に注目してデータの構造を分析する手法で，データベースの設計に多く用いられるアルゴリズム表現手法である（12.4 節参照）。

〔3〕 **データフローダイアグラム** データフローダイアグラム（data flow diagram，DFD）は，アルゴリズム中のデータと処理の流れに注目して視覚的に表現した図である。

アルゴリズム中のデータの流れは**表 13.3** に示すアクティビティ，プロセス，データストア，データフローの 4 種類の構成要素で記述される。**図 13.4** に示す，商品の受発注業務の例では，顧客からの注文情報から，受注情報，商品の発送情報，顧客管理情報の更新までのデータの流れを示している。

表 13.3 DFD の構成要素

記号	名称	意味
▭	アクティビティ	データの発生源，行き先
◯	プロセス	データに対して行う処理や作業
═	データストア	データを保存するファイルや参照するファイル（データベース）
→	データフロー	データの流れ

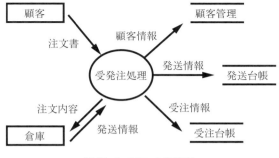

図 13.4 DFD の記述例

13.4 データ構造

プログラムは，実行中に多くのデータを扱うので，プログラムを作成するときには，どのような形でデータを扱うか（データ構造）を決める必要がある．

13.4.1 配　列

配列（array）は，多くのプログラミング言語で扱える基本的なデータ構造で，図 13.5 に示すように，同じ型のデータを連続的に並べたデータ構造である．個々のデータをその配列の要素と呼ぶ．個々のデータは，添え字（インデックス）で識別される．添え字は，そのデータが配列のどこにあるかを指定するもので，図 13.5 に示されているように，つぎのように表す．

　　1 次元配列：A (1)，A (2)，$\cdots$，A (n)
　　2 次元配列：A (1, 1)，A (1, 2)，$\cdots$，A (m, n)

A(1)	A(2)	A(3)	$\cdots$	A(n)

1 次元配列

A(1,1)	A(1,2)	A(1,3)	$\cdots$	A(1,n)
A(2,1)	A(2,2)	A(2,3)	$\cdots$	A(2,n)
$\vdots$	$\vdots$	$\vdots$	$\ddots$	$\vdots$
A(m,1)	A(m,2)	A(m,3)	$\cdots$	A(m,n)

2 次元配列

図 13.5 配　列

13.4.2 レコード

プログラミング言語の中には，複数の異なる形式のデータを一つにまとめて処理できるデータ構造を扱えるものがある．複数の形式のデータ要素を一つにまとめたデータ構造を**レコード**（record）という．

一つのレコードは**フィールド**と呼ばれる複数の領域に分割され，レコードで扱われる個々のデータは，対応するそれぞれのフィールドに格納される．**図13.6** に示すレコードの例では，社員番号，氏名，入社年，所属から構成される一人の社員データ R を，no，name，year，dept の四つのフィールドに格納している．データの記録や削除，参照は原則としてレコード単位で行われる．図13.6 に示したレコードの例の場合，氏名を参照する場合にはレコード R 中のフィールド（name）を参照するので，R.name の形式で参照される．

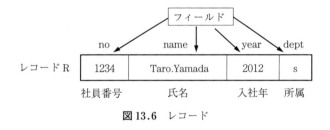

図 13.6 レコード

13.4.3 リスト

データ要素が順番につながったデータ構造を**リスト**（list）と呼ぶ．あるデータのつぎに続くデータの格納位置は，**ポインタ**と呼ばれる領域に記録されている．そのため，ポインタに記録されている値を変更することでデータの並び替えが可能となる．**図13.7** に示すリストの例では，100 番地に書かれたデータ A に続くデータ B が 120 番地に書かれているので，データ A のポインタ部に 120（データ B の書かれている番地）という値が書かれている．

リストは配列データと異なり，データ領域のサイズは固定ではなく，データの大きさに柔軟に対応できるとともに，データの挿入や削除を行っても，ほかのデータを動かす必要がない．

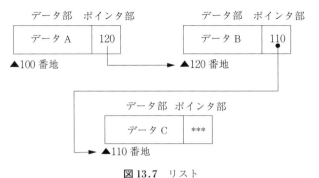

図 13.7 リスト

配列は添え字の値を指定することでどのデータ要素も直接指定できるのに対し，リストでは，データを順番にたどって必要なデータを指定するので，後のデータほどデータを指定するのに時間がかかるという欠点がある。

13.4.4　スタック

図 13.8 に示すように，記録場所に入れた順番にデータが積み重なったように記録されるデータ構造を**スタック**（stack）と呼ぶ。最初に入れたデータは一番奥（下）に，最後に入れたデータは一番手前（上）に記録されている。そのためスタックに記録されているデータは，後から入れたデータから順に取り出す**後入れ先出し**（last in first out，**LIFO**）という構造を持っている。図 13.8 の例では，1，2，3 の順番でスタックに入れたデータが，入れた順番とは逆に

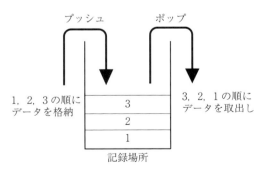

図 13.8 スタック

3，2，1 の順でスタックから取り出されている。

スタックにデータを入れる処理を**プッシュ**（push），スタックからデータを取り出す処理を**ポップ**（pop）と呼ぶ。

13.4.5　キ　ュ　ー

図 13.9 に示すように，最初（先）に入れたデータから最後に入れたデータまで，読み出す順番に格納されているデータ構造を**キュー**（queue）と呼ぶ。キューに記録されているデータは，入れた順にデータを取り出す**先入れ先出し**（first in first out，**FIFO**（ファイフォ））という構造を持っている。

図 13.9　キュー

キューにデータを格納する操作を**エンキュー**（enqueue），キューからデータを取り出す操作を**デキュー**（dequeue）と呼ぶ。キューは，コンピュータシステムでなにかの処理を待たせる際によく使われるデータ構造である。

例：共有プリンタの印刷順番待ちや CPU の計算待ちなどがキュー構造で処理される。

13.4.6　木　構　造

図 13.10 に示すように，一つの親データが複数の子データ，一つの子データが複数の孫データを持つ形で，階層が深くなるほど枝分かれしていくデータ構造を**木構造**と呼ぶ。

木構造を構成するデータ要素を**ノード**（node，節）と呼び，ノード同士は親子関係を持っている。親のないノードを**ルート**（root），子のないノードは

13.4 データ構造

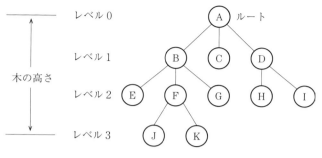

図 13.10 木構造

リーフ（leaf）と呼ばれる。ルート以外のすべてのノードはただ一つの親を持つことになる。ルートからリーフまでの階層の数を「高さ」または「深さ」という。図 13.10 に示す木構造は A～K の 11 個のノードから構成される。ルートはノード A となる。C, E, G, H, I, J, K の 7 個のノードがリーフである。

木構造のうち，**図 13.11** にあるように，子の数が 2（以下）の木構造を，**二分木（バイナリツリー）** と呼ぶ。二分木の中で，ノードの左側の子には小さいデータを，右側の子には大きいデータを配置したものを**二分探索木**と呼ぶ。

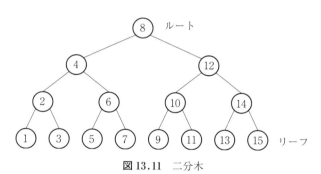

図 13.11 二分木

図 13.11 の二分探索木でデータが格納されていると，特定のデータの値を探索するには，親ノードから出発して，各ノードの値が探索している値より小さければ左の子に，大きければ右の子に移っていき，末端のノード（リーフ）までたどり着くまで探索を行えばよい。

図 13.11 に示した二分探索木の例で，「7」という値のデータを探索したい場合の探索手順は**図 13.12**に示す以下の手順で行われる．

  step 1：ルートから出発
  step 2：接点の値 8 ＞ 探索したい値 7　→ 左の部分木へ進む
  step 3：接点の値 4 ＜ 探索したい値 7　→ 右の部分木へ進む
  step 4：接点の値 6 ＜ 探索したい値 7　→ 右の部分木へ進む
  step 5：接点の値 7 ＝ 探索したい値 7　→ 探索終了

ここに示したように，二分探索木のデータ構造では，ルートからリーフまでの深さ（高さ）の数だけデータを調べれば済むので，データの探索を高速に行うことができる．

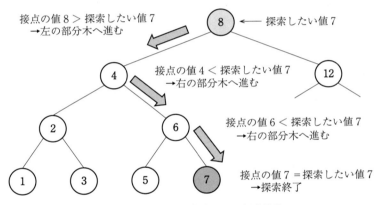

図 13.12　二分探索木による探索操作

索引

【あ】
アウトソーシング　36
圧縮　115
後入れ先出し　149
アドオンソフト　94
アドレス　46
アナログ−ディジタル変換　103
アプリケーション層　61
アプリケーションソフトウェア　76, 88
アルゴリズム　144
アンダフロー　23

【い】
位置決め　49
イメージスキャナ　53
色の三原色　111
インクジェットプリンタ　54
インタプリタ　144
インタプリタ言語　144

【え】
液晶ディスプレイ　54
エラーメッセージ　99
エンキュー　150
演算器　41
演算装置　39, 40
エンベデッドシステム　37

【お】
応用ソフトウェア　73, 76, 88
オーバフロー　23
オブジェクトコード　143
オブジェクト指向言語　144
オープンソース　76
オペレーティングシステム　78
オンラインリアルタイム処理　62

【か】
階層型ディレクトリ　86
階層型データベース　121
解像度　108
回転待ち　50
外部キー　123
可逆圧縮方式　117
仮数　20
カスタムソフトウェア　89
画素　108
仮想記憶　82
稼動率　66
加法混色　111
加法標準形　28
画面設計　99
カレントディレクトリ　86
関係演算　128
関係データベース　121
関連　124

【き】
記憶階層　52
記憶装置　39, 45
木構造　150
基数　8
基数変換　10
機能分散　59
キーボード　53
基本ソフトウェア　74
キャッシュメモリ　47
キャラクタユーザインタフェース　95
キュー　150

【く】
組合せ回路　30
組込みシステム　37
クライアントサーバシステム　60

　
クラウドコンピューティング　64
クラスタシステム　64
グラフィカルユーザインタフェース　97
グラフィックソフト　93
グループ化　131
グレースケール画像　109
クロック　42
グロッシュの法則　59

【け】
桁あふれ誤差　23
桁落ち　22
結合　128
結合法則　27
減法混色　112

【こ】
交換法則　27
高級言語　141
合計　131
固定小数点　19
コピーバック方式　48
コールドスタンバイ　64
コンパイラ　143
コンパイル言語　143
コンパクトフラッシュ　52
コンピュータソフトウェア　73
コンピュータプログラム　139

【さ】
差　128
最小　131
最大　131
先入れ先出し　150
座席予約システム　61, 131
サーチ　50
サーバ　35
サブディレクトリ　86

【し】

差分バックアップ方式	69
サーマルプリンタ	55
磁気ディスク装置	48
磁気テープ装置	50
シーク	49
指　数	20
システムソフトウェア	73, 74
実効アクセス時間	47
実行形式	143
実行ファイル	144
実　体	124
実体関連図	124
シフト演算	14
シフトJIS	107
射　影	128
ジャーナルファイル	136
集　計	131
集合演算	129
集中処理	58
主キー	122
主記憶装置	45, 46
出力装置	39, 54
順序回路	32
冗長構成	63
情報落ち	22
ジョブ	79
シリアルATA	57
シリンダ	49
伸　長	117
シンプレックスシステム	63
真理値表	24

【す】

スタイルシート	102
スタック	149
ストアスルー方式	48
ストライピング	69
スーパーコンピュータ	36
スーパスカラ	43
スマートフォン	34
スマートメディア	52
スライド	92
スループット	71
スレッド	81

【せ】

正規化	126
制御装置	39, 40
整　列	130
積	128
セクタ	49
セグメント方式	83
絶対パス	87
接頭語	6
全加算器	30
選　択	128

【そ】

操作機能	85
相対パス	87
増分バックアップ方式	69
属　性	122
属性管理機能	85
ソースコード	76, 140
ソフトウェア	73

【た】

対話型処理	62
ダウンサイジング	59
タスク	80
タッチパッド	53
タブレット	34
ターンアラウンドタイム	72

【ち, つ】

チェックポイントファイル	136
チェックボックス	98
中央処理装置	40
帳票設計	99
直列システム	66
ツールソフト	94

【て】

ディジタル−アナログ変換	104
ディスプレイ	54
ディレクトリ	86
テキストエディタ	89
テキストデータ	104
テキストボックス	97
デキュー	150
デコーダ	41
データ制御言語	128
データ層	61
データ操作言語	128
データ定義言語	128
データ転送	50
データフローダイアグラム	146
データベース	120
データベース管理システム	120
手続き型言語	144
デッドロック	134
デバイスドライバ	84
デュアルシステム	63
デュプレックスシステム	63

【と】

ド・モルガンの法則	27
ドットインパクトプリンタ	55
トラック	49
トラックパッド	53
トランザクション	131
トランザクション処理システム	131
ドロー系グラフィックソフト	93

【に】

二値画像	109
二分木	151
二分探索木	151
入出力インタフェース	55
入出力管理機能	84
入出力割込み	85
入力装置	39, 53

【ね, の】

ネットワーク型データベース	121
ノイマン型コンピュータ	40, 139
ノード	150

【は】

バイオス	75
排他制御	132
排他的論理和	26
バイト	5
バイナリツリー	151
バイナリデータ	104
パイプライン処理	42
配　列	147
バスパワー	57
パーソナルコンピュータ	34

バックアップ	69	
バックアップファイル	136	
パッケージソフトウェア	89	
バッチ処理	62	
ハードディスク	49	
半加算器	30	
バンキングシステム	61, 131	
半導体メモリ	46	
汎用レジスタ	41	

【ひ】

非可逆圧縮方式	117
光ディスク装置	50
光の三原色	111
ピクセル	108
ビット	4
ヒット率	47
否定	25
否定論理積	26
否定論理和	26
ヒューマンインタフェース	95
表計算ソフト	91
標本化	103

【ふ】

ファイル	85, 119
ファイルシステム	85
フィールド	122, 148
フェールセーフ	67
フェールソフト	67
負荷分散	60
複合キー	123
符号	20
符号化	103
プッシュ	150
浮動小数点	20
プラグアンドプレイ	57, 84
プラグインソフト	94
フラッシュメモリ	51
フリーソフト	94
フリップフロップ	32
プリンタ	54
フルカラー	110
プルダウンメニュー	98
フルバックアップ方式	69
フールプルーフ	68
プレゼンテーション層	61
プレゼンテーションソフト	91
プログラミング	140
プログラミング言語	140
プログラム	139
プログラムカウンタ	41
プログラム内蔵方式	40, 139
フローチャート	145
分散処理	59
分配法則	27
分類機能	86

【へ】

平均	131
平均クロック数	44
平均故障間隔	65
平均修復時間	66
並列システム	67
ペイント系グラフィックソフト	93
ページング方式	83
ベン図	24
ベンチマークテスト	72

【ほ】

ポインタ	148
ポインティングデバイス	53
保護機能	86
補助記憶装置	45, 48
補色	111
ホストコンピュータ	58
ボタン	98
ホットスタンバイ	63
ホットプラグ	57
ポップ	150

【ま】

マイクロコントローラ	37
マイコン	37
マウス	53
マルチコア	44
マルチスレッド	81
マルチタスク	81
マルチメディア	103
丸め誤差	22

【み, む】

ミドルウェア	75
ミラーリング	69
ムーアの法則	2
無限小数	12

【め, も】

命令レジスタ	41
メインフレーム	36
メモリインタリーブ	46
メモリカード	52
メモリスティック	52
文字コード	104

【ゆ】

有機ELディスプレイ	54
ユーザインタフェース	95
ユーティリティソフト	94
ユニバーサルデザイン	102

【ら, り, る】

ライフサイクルコスト	72
ラジオボタン	97
ラベル	99
リアルタイム処理	61
リスト	148
リストア	71
リーフ	151
リフレッシュ	46
量子化	103
ルート	150
ルートディレクトリ	86

【れ, ろ】

レコード	148
レーザプリンタ	55
レスポンスタイム	72
ローカルエリアネットワーク	59
ログファイル	136
ロック	133
ロールバック	136
ロールフォワード	137
論理演算	24
論理回路	29
論理式	24
論理積	24
論理和	25

【わ】

和	128
ワイドエリアネットワーク	59
ワードプロセッサ	90
ワープロソフト	90

【A】

AAC	115
ABC	1
A/D 変換	103
AND	24
API	79
ASCII コード	105
ATM	62

【B】

BASIC	143
BD	50
BIOS	75
Bluetooth	57

【C】

C	141
C++	141
CCD	53
CD	50
CD-DA	114
CMOS	53
COBOL	143
COMMIT	138
CPI	44
CPU	40
CSS	102
CUI	95

【D】

D/A 変換	104
DBMS	120
DCL	128
DDL	128
DML	128
DRAM	46
DVD	50

【E】

ENIAC	1
entity	124
ER 図	124, 146

【F】

FA	30
FIFO	47, 150
FORTRAN	143

【G】

GIF	115
GUI	97
GUI 部品	97

【H】

HA	30
HDMI	57
HTML	93, 101

【I】

IEEE 1394	56
IrDA	57

【J】

Java	142
Java 仮想マシン	142
JIS 漢字コード	107
JIS コード	107
JPEG	115
JVM	142

【L】

LAN	59
LIFO	149
LRU	47

【M】

MIDI	115
MIL 規格	29
MIPS	44
MP3	115
MPEG	115
MTBF	65
MTTR	66

【N】

NAND	26
NOR	26
NOT	25

【O】

OR	25
OS	78
OSI	76

【P】

PC	34
Perl	143
PNG	115
PnP	84
ppi	108

【R】

RAID	68
RAID 0	68
RAID 1	69
RAID 5	69
RASIS	66
relationship	124
ROLLBACK	138
Ruby	143

【S】

SD カード	52
SQL	128
SRAM	47
SSD	51

【T】

TCO	72

【U】

unicode	107
USB	56
USB メモリ	51

【W】

WAN	59
Web サイト	100
Web ブラウザ	92
Web ページ	101
WMV	115

【X】

XOR	26

【数字】

1 の補数	16
2 進数	3
2 の補数	16
3 層クライアントサーバシステム	60
8 進数	9
10 進数	3
16 進数	9

はじめて学ぶコンピュータ概論
— ハードウェア・ソフトウェアの基本 —

Introduction to Computer — Basics of Hardware and Software —

© Terajima, Park, Yasuoka, Hirano 2016

2016 年 2 月 15 日　初版第 1 刷発行
2022 年 11 月 30 日　初版第 8 刷発行

著　者　寺　嶋　広　克
　　　　朴　　　　　元
　　　　安　岡　広　志
　　　　平　野　正　樹
発行者　株式会社　コ　ロ　ナ　社
代表者　牛来真也
印刷所　萩原印刷株式会社
製本所　有限会社　愛千製本所

112-0011　東京都文京区千石 4-46-10

発行所　株式会社　コ　ロ　ナ　社
CORONA PUBLISHING CO., LTD.
Tokyo Japan
振替 00140-8-14844・電話 (03) 3941-3131 (代)
ホームページ https://www.coronasha.co.jp

ISBN 978-4-339-02850-8　C3055　Printed in Japan　(松岡)

<JCOPY> ＜出版者著作権管理機構 委託出版物＞

本書の無断複製は著作権法上での例外を除き禁じられています。複製される場合は、そのつど事前に、出版者著作権管理機構 (電話 03-5244-5088, FAX 03-5244-5089, e-mail: info@jcopy.or.jp) の許諾を得てください。

本書のコピー、スキャン、デジタル化等の無断複製・転載は著作権法上での例外を除き禁じられています。購入者以外の第三者による本書の電子データ化及び電子書籍化は、いかなる場合も認められていません。
落丁・乱丁はお取替えいたします。

――― 著者略歴 ―――

名岡 広congressman (なおか ひろし)
1983年 名古屋工業大学電気情報工学科卒業
1983年 株式会社電気通信研究所勤務
 (姿参照)
1985年 個人解像度デジタル車載機「姿図『オアシス』」
 勤務
1997年 株式会社日本図書C&Vインダー運転
 教育材料開発委員
1998年 早稲田大学メディアネットワークセン
 ター非常勤講師
1999年 早稲田大学メディアネットワークセン
 ター特別研究員(認知科学研究室)
2003年 東京情報大学講師
2015年 東京情報大学准教授教授
 現在に至る

寺崎 陽介 (てらさき ひろみつ)
1974年 慶應義塾大学工学部電気工学科卒業
1979年 慶應義塾大学院工学研究科博士課程
 修了 (電気工学専攻)
 工学博士
1979年 日本電気株式会社中央研究所勤務
1990年 日本電気技術情報システム株式会社
 (現株式会社 NEC 情報システムズ) 勤務
2012年 東京情報大学准教授
~2017年 東京情報大学非常勤講師
~20

中嶋 正則 (なかじま まさのり)
1973年 横浜国立大学院工学研究科電気工学科卒業
1975年 横浜国立大学院工学研究科修士課程修了
 (電気工学専攻)
1975年 日本電信電話公社 (現日本電信電話株式
 会社) 勤務
1999年 博士 (工学) (大阪大学)
1999年 NTTエレクトロニクス株式会社勤務
2001年 東京情報大学准教授
~19 東京情報大学非常勤講師
2015

木曾 秀樹 (ぼく ちとかる)
1997年 千葉大学院工学研究科博士前期課程
 修了 (情報工学専攻)
2000年 千葉大学院自然科学研究科博士後期
 課程修了 (情報科学専攻)
 博士 (工学)
2001年 東京情報大学助手
2002年 東京情報大学講師
2012年 東京情報大学准教授
(2013年~15年 千葉大学非常勤講師兼任)
2020年 東京情報大学教授
 現在に至る